時間が経ってもダレない生クリームで！ イタリア発祥マリトッツォ
※レシピは228ページ

宮城の誇り 仙台七夕

ゼライスのふるさと宮城県は、伊達政宗の時代より続いていると伝えられる「仙台七夕まつり」が有名です。

仙台の七夕には「七つ飾り」と呼ばれる飾りがあり、それぞれに意味があります。たとえば、吹き流しは機織りや技芸の上達、短冊は学問や書、手習い上達の願いを込めて飾られます。ほかに紙衣（かみごろも）、折り鶴、巾着、投網、屑籠（くずかご）などもあります。

この写真では、カラフルな色水をゼラチンで硬く固め、太陽の光でキラキラ光る吹き流しに仕立てました。

ゼラチンを使ったお菓子はプルンと柔らかいイメージがありますが、水の量を変えるだけで、プラスチックのようにカチカチになるんですよ。サンキャッチャーやモビールなど、いろいろなものに応用できそうです。

左上から、ワイン、マーガリン、アイスクリーム、昆虫ゼリー、ペットフード
２段目左から、コンビーフ、ヨーグルト、砂糖蜜（せんべい）、ラムネ菓子、墨汁
３段目左から、ハードカプセル、ドレッシング、小籠包、マヨネーズ、ソフトカプセル
４段目左からマシュマロ、コロッケ（冷凍）、グミ、スープ、ソーセージ

こんなところにゼライス

ゼラチンが使われているものというと、ゼリーやババロアといったデザート類が真っ先に思い浮かぶことでしょう。

でも、それだけではありません。毎日の食事に欠かせない調味料や冷凍食品、ソーセージなどの食肉製品や酒類、薬のカプセル、そしてペットフードや墨汁など、たくさんの身近なものにゼラチンが使われています。それぞれ、ゼラチン特有のさまざまな性質を上手に生かした製品ばかりです。

おうちでつくろう！ゼライスフォトコンテスト

２０２０年、初めて開催された「ゼライスフォトコンテスト」。「ゼライス」愛用者の皆様にお菓子やお料理づくりのひとコマを撮影していただくことで、おいしい笑顔を広げていこうという思いを込めた活動でした。

限られた時間の中で４００件を超える応募をいただき、素敵な作品ばかりで選考に悩んだのもよい思い出です。

我々がお届けしているゼライスパウダーが、皆様のおうち時間を楽しく彩っているのだということを強く実感することができたコンテストでした。

ゼライスフォトコンテスト2020　応募作品より

ゼライスフォトコンテスト2020　結果発表ポスター

「ゼライス」でつくろう！

あんなレシピ、こんなレシピ

フラワーエンゼルゼリー

ゼリーといえば、涼し気な透明感が大きな魅力。その清涼感を存分に生かしたフラワーエンゼルゼリーはいかがでしょう？

写真では、オレンジとパイン、そして紫色が美しいエディブルフラワーを使いましたが、色の組み合わせは無限大。

お好みのフルーツとエディブルフラワーで、見た目もかわいいデザートをつくってみませんか？

※レシピは２２９ページ

フルーツたっぷり！
キラキラ斜めゼリー

いつものゼリーも、ちょっと工夫するだけでお店のデザートにも負けない華やかなデザートに変身します。

写真は、フルーツゼリーとミルクプリンの2層に分かれたカップゼリーですが、下のミルクプリン部分を斜めにあしらうだけで、なんともおしゃれな雰囲気に。コツは、ミルクプリンを冷やし固めるときに容器が動かないように斜めに固定すること。

テーブルに出したとたんに歓声が湧き起こること、間違いなしです！　※レシピは228ページ

地元・宮城の皆様と生きる地域貢献活動

創業以来、ゼライスは、地元の方々と共に発展していくという姿勢を大切にしながら、社会貢献活動を行っています。

主な活動としては、小学校に赴いて行う理科の特別授業や、地元企業や自治体の要請でゼラチンを使った体験イベントを行うことも。

地元食材を使った商品の開発なども行っています。

理科特別授業

小学校に赴いて行う理科の特別授業は、楽しい実験をお届けすることだけが目的ではありません。社会人として大切にしていることや、働く意味、働く喜びなどをお伝えすることで、子どもたちに「大人になるのが楽しみ」という希望を持ってもらいたいという願いも込めています。

そんな思いと共に、震災の年もオンライン授業が増えた年も休まず、延べ２０００名を超える小学生に実験をお届けしてきました。子どもたちから届けられるお礼の手紙は、ゼライスの宝物です。

「ＪＲフルーツパーク仙台あらはま」オープニングイベント参加

ゼライスは、地元企業や自治体とのコラボレーションにも積極的に参画しています。

２０２１年３月には、「ＪＲフルーツパーク仙台あらはま」のオープニングイベントに参加させていただきました。フルーツパークで採れた新鮮ないちごとゼライスパウダーでジュレミルクづくりを行い、４日間で約１００名の方にお楽しみいただきました。

オリジナル商品「みやぎ『杜の果実』ゼリーセット」＆「いちごグミ」

ゼライスは、宮城県ならではの商品の開発も手がけています。地元の百貨店藤崎と、仙台白百合女子大学と一緒に共同開発した「みやぎ『杜の果実』ゼリーセット」は、宮城県産の果実だけを使ったゼリー。宮城県産の梨、ゆず、いちご、りんごを使ったオリジナル商品です。発売以来、反響を呼び、お中元の人気商品に成長しました。

さらに、山元町のいちご１００パーセントのグミも開発。当初は期間限定でしたが、現在では通年で販売しています。

ゼライスのキセキ

未来に引き継ぐ117年の軌跡と東日本大震災からの復興の奇跡

稲井謙一
『ゼライスのキセキ』製作委員会

はじめに

「ゼライス？　ああ、知ってます。小さいころ、母親がよくおやつにゼリーをつくってくれて。ワクワクしながら台所をのぞくと、作業台に『ゼライス』のパッケージがあったことをよく覚えていますよ」

ゼライスという社名を名乗ると、さまざまな年代の人がこのような思い出を語ってくれる。思い出を語る顔は、例外なく笑顔でいっぱいだ。

「ゼライス」という商品を通じて、人々の温かな思い出の下支えをしているというのは、ゼライス株式会社が誇るブランドストーリーのひとつである。

しかし、ゼライスにはそれだけではない物語が満ちていることは、残念ながら、あまり知られていない。


117年の軌跡を持つ老舗企業であるということ。

当初はクジラと共に歩んできた企業であるということ。

東北発のグローバル企業であるということ。

世間をうならせる新商品を開発し続けている企業であるということ。

そして、東日本大震災による混乱や不安を乗り越え、奇跡の復活を成し遂げた企業であるということ……。


我々ゼライスは、東北・宮城県に軸足を置く企業だ。東北の人たちは、粘り強く、人に優しく、奥ゆかしいという美徳を持つ。

その反面、奥ゆかしさが邪魔をし、アピール下手なところもある。

本来は進取の気風に富んだ社風であり、早い段階から世界を見据え、研究開発に力を注いできた企業であることを広く知っていただきたい！

そして、社長である私が見定めているビジョンを、皆で共有していきたい！

そんな思いで、この本の制作に取り組んだ。

この本を通じて、社員がゼライスを好きになり、それを聞いたお客様がさらにゼライスを好きになってくださり、お客様の声を聞いた社員がますますゼライスを好きになる。そんな循環をつくっていきたい。

そしてこの先も、社員一丸となってそんなビジョンに向かって歩んでいきたい。

そういう願いの込もったゼライスのブランドストーリーを、ぜひ楽しんでいただければと思う。

ゼライス株式会社　代表取締役社長　稲井謙一

ゼライスのキセキ　目次

〈カラー口絵〉

宮城の誇り仙台七夕
こんなところにゼライス
おうちでつくろう!　ゼライスフォトコンテスト
「ゼライス」でつくろう!　あんなレシピ、こんなレシピ
地元・宮城の皆様と生きる　地域貢献活動

はじめに　2

プロローグ――書籍制作プロジェクトリーダーが考える、この本の意義――　16

第1章　社会貢献活動とゼライス

突然の社命が下りた日　22

「時間がない！」「応募が少ない！」日々の闘いと焦り　27

賞の選定と「ONE JELLICE（ワン ゼライス）」　32

地域の小学校へ理科の実験授業を出前　36

赴く社会活動から、お招きして情報発信する活動へ　39

宮城の地を愛し、地元自治体・企業とつながる　41

〈ゼラチン、コラーゲンの？に迫る①〉　46

第2章　21世紀と人の体をつくるゼライス

コラーゲン、ゼラチンと、

コラーゲンペプチド、コラーゲン・トリペプチド　48

コラーゲンの基本の「き」　52

●私たちの体の中にも、もともとコラーゲンがある　52

●体内に存在するコラーゲンの主な働き　53

ゼラチンの基本の「き」　54

●ゼラチンって何からできているの？　54

●ゼラチンの起源は、古代エジプト時代にあり　56

●ゼラチンの製造工程　57

●ゼラチンを製造する前に行われる、酸処理・アルカリ処理の違いとは　59

●ゼラチンは、高たんぱく低脂肪な優秀食品　60
●ゼラチンの最大の特性は、「ゾル」と「ゲル」　60
●こんなところにもゼラチンが！　意外な使われ方をご紹介　61
▼おいしいゼラチン
▼食事をサポートするゼラチン
▼美しく、健康になるゼラチン
▼医薬用ゼラチン
▼工業用ゼラチン
▼写真用ゼラチン
▼芸術に使われるゼラチン
コラーゲンペプチドとコラーゲン・トリペプチドの基本の「き」　67
●コラーゲンペプチドって何？　67
●コラーゲン・トリペプチドは、3個のアミノ酸の連なり　68
●アミノ酸より大きいトリペプチドのほうが効率的に吸収されるワケ　70

●ゼライス独自の「トリペプチド化技術」ってどんなもの？ 72
●どうやって「トリペプチド化技術」を発見したの？ 73
●コラーゲン・トリペプチドは新しいコラーゲンをつくるための司令塔 75
●コラーゲン・トリペプチドに期待できること 76
▼肌への影響
▼骨への影響
▼関節への影響
▼腱とじん帯への影響
▼血管への影響
▼スギ花粉症への影響
▼歯肉への影響
コラーゲンを研究する楽しみについて 88
〈ゼラチン、コラーゲンの？に迫る②〉 92

第3章　宮城の海と土地の恵みに育まれたゼライス

3章その1　創業から太平洋戦争まで

●豊かな自然を誇る美味し国、宮城県　94
●鮎川がクジラの町になったわけ　98
●残さいの肥料化で「クジラ公害」を解決　100
●鯨缶の開発で販路を拡大、鯨肉文化の定着へ　102
●新工場建設で、国内鯨缶市場を席巻　104
●最後まで残った「クジラの頭」の意外な使い道　106
●宮城化学工業所から宮城化学工業株式会社へ　111

3章その2　戦後の成長と発展の軌跡

●日本初、パウダー状ゼラチン「ゼライス」の発売　114
●稲井グループの大転換、事業の選択と集中　118
●コラーゲン・トリペプチドの発見　120

●台湾、インド、中国、ヨーロッパ……ゼライスは海外へ　123
●ゼライス株式会社のスタートと、新工場の建設　126
〈ゼラチン、コラーゲンの？に迫る③〉　130

第4章　人に支えられてゼライスの「今」がある

２０１１年
●３月11日（金）　東日本大震災発生　132
●３月12日（土）　避難先の多賀城駐屯地から各自帰宅　145
●３月13日（日）　テレビで社長の安否確認情報が流れる。
いったい誰が？　150
●３月14日（月）　取引先に対して本社メッセージを発信　151
●３月16日（水）　復興に向けて〝ゼライス仙台出張所〟始動　153

●3月23日（水）　4交代制の出社で復旧作業スタート　153
●4月〜年末　被災地と世間との間に広がる認識のギャップ　159
２０１２年
●工場生産を再開するも、売り上げは震災前の6割に　164
２０１３年〜２０１４年
●業績の立て直しに向かって力を尽くす　167
２０１５年〜２０１８年
●奇跡の「レ」字型回復、創業以来最高の経常利益を達成　169
２０１９年以降
●ゼライスのリブランディングプロジェクト始動　170
〈ゼラチン・コラーゲンの？に迫る④〉　175

第5章　ゼライスが見据える、健康、医療、環境の未来

【コラーゲン由来環状ジペプチド、シクログリシルプロリン（シクロGP）】
シクロGPは、認知に関する悩みに寄り添う　178
●シクロGP開発までの背景　180
●ジペプチドと環状ジペプチド、その違いとは　181
●シクロGPは直接脳に到達する！　184
●私たちの脳にはシクロGPが存在している　185
●コラーゲンはシクロGPの格好の原料　185
●震災直後の苦労を乗り越えて得た研究成果　187
●健康な人間の認知機能を改善　188
●ゼライスの「使命」が、大発見に導いた　189

【医療用ゼラチン】

ゼラチンは、医療の発展を底支えし続ける 192
●医療の現場で欠かせないゼラチン 193
●手術を支えるゼラチン製品の数々 194
●ゼラチンを練り込んだ骨補填剤 195
●インプラント治療にもゼラチンが活躍 196
●再生医療に不可欠なゼラチンの役割 197

【架橋技術と代替プラスチックの可能性】

ゼラチンの架橋技術には、環境問題を解決できる可能性がある 198
●古くからある架橋の技術 200
●架橋で得られるもの 202
●食品サンプルにゼラチンが使われる理由 203
●ゼラチンはプラスチックの代わりになるのか？ 204

●課題山積な代替プラスチックへの道　205
●ゼラチンの架橋技術がもたらす未来　206
〈ゼラチン、コラーゲンの？に迫る⑤〉　207

エピローグ

――品質管理に関するゼライスの基本コンセプト――
ゼライス株式会社　常務取締役　小林隆　208
●なぜゼライスは震災からスピーディーに復旧できたのか？　210
●FSSC22000の取り組みの意義と活用、そして今後のこと　213

おわりに　216
ゼラチンあれこれQ＆A　219
ゼライスパウダー　マル秘活用術　224
〈カラー口絵〉「ゼライス」でつくろう！　レシピ　228
『ゼライスのキセキ』エンドロール　232

プロローグ　――書籍制作プロジェクトリーダーが考える、この本の意義――

2020年2月、書籍制作プロジェクト担当の伊藤信明は、本書の制作を担うJディスカヴァー社で出版研修を受けていました。

「あなたは何者ですか？」
「出版の目的は？」
「ご自分の歴史を振り返ってみましょう」

通常は、本の著者になることを目指す人が、自分自身のことや自分が持っているコンテンツを振り返り、改めて理解するために受ける研修です。

次々と出されるお題に、伊藤は頭を抱えていました。

――本を出すのは自分じゃないのに、何をやっているんだろう？　そもそも〝会社の本〟って、何が書いてあるものなんだ？――

ゼライスの社内で本をつくる話が持ち上がってきたのは、2019年の秋ごろのことです。

営業担当者としては翌年の予算を組み始めなければならない多忙な時期で、「そんな話があるんだ」ぐらいに聞き流していた伊藤。

まさか、その自分に「書籍制作プロジェクトリーダー」のお役目が降りかかってくるなんて！

なぜ自分がその担当者になったのか？

今振り返っても、その理由に心当たりはありません。

「強いていえば、書籍の制作チームが東京にあるから、東京営業所の自分が指名されたのではないかと。それに加えて、6年間ゼライスから、外資系ルスロゼライス社へ転籍し、会社を外から見ていた経験があるので、ゼライスに対してほかの社員とは異なる見方ができるからなのかな……」

実は、社長の稲井謙一からも、指名の理由は直接聞いていません。

そんな伊藤が出版研修で知ったのは、「本は誰かに何かを伝えるものである」という基本中の基本でした。

「本をつくるには、目的やコンセプトがしっかりしている必要があります。その目的やコンセプトをロジカルに伝えることができないと、制作にあたっての協力者の共感や理解を得ることができませんし、読者の共感や理解だって得ることはできない。これは、私の本業である営業活動にも通ずることかもしれないなと思い始めました」

本書の制作にあたり、伊藤はたくさんの部署に協力をお願いしました。その際にも、この本でゼライスは誰に何を伝えたいのか、なぜあなたの部署の協力が必要なのか、ゼライスの書籍を出版することでどのようなメリットがあるのか、丁寧に説明することを心がけてきたといいます。

「人は、納得しないと一歩を踏み出せませんから。書籍の担当者という役割を通じて、私も部署ごとに異なるモチベーションのタネや、価値観の違いを知ることができたと思っています」


さて、冒頭の出版研修でつくった本書の意義とは？

伊藤が考える本書のコンセプトは、以下の3つです。

1. ゼライスという会社の強みを知り、好きになる。
2. 稲井善八(いないぜんぱち)商店の創業から数えて117年、ゼライスの設立から80年の伝統を未来につなぐ。
3. 東北の企業による世界への挑戦を描く。

本書に描かれているのは、長い歴史を持ち、東日本大震災を乗り越えた、決して大きくはない会社の挑戦の軌跡です。

ゼライスとはどんな会社なのか？

ゼライスが取り扱っているコラーゲンやゼラチンとは何か？

さらに、明治期にまでさかのぼることができるゼライスの歴史と、ゼライスが描く未来像についてもまとめました。

お取引先をはじめとしたステークホルダーの皆様には、「これまで支えてくださりありがとうございます」という感謝と、「これからもよろしくお願いいたします」という気持ちを込めて。

現社員、そして未来の社員に対しては、ゼライスの歴史を理解し、強みを再認識するためのガイドブックとして。

そして、本書を偶然手に取ってくださった読者の皆様に対しては、「東北にこんなユニークな会社があるのか！」と知っていただき、震災やその後の困難に直面しても心折れなかった社員たちの底力を頼もしく思っていただく一助として。

本書、ゼライスのブランドストーリーを楽しんでいただければ幸いです。

社会貢献活動とゼライス

第1章

突然の社命が下りた日

「フォトコンテストを実施しよう！」

本書の刊行に向けた企画構成案のひとつとして、2020年春に突如浮上してきたアイデア。

ゼライス商品を利用したお菓子づくりのフォトコンテストを通じて、ゼライスブランドのイメージ向上と認知拡大を図ると共に、ゼライスファンを増やしていこう。

そして、コンテストを通じて社員を本づくりに積極的に巻き込み、全社が一丸となる経験を積もう。

このフォトコンテスト実行委員会の委員長として指名されたのが、東京営業所所長の伊藤信明でした。

「まあ、私は書籍制作プロジェクトの責任者ですからね。私がやるしかないなと。一般ユーザーを対象にしたこのようなコンテストをするというのは、ゼライスにとっても初の試みでしたので、不安といえば不安でしたけれど……」

目元に笑みをたたえながらこう語る伊藤ですが、ひとつだけ心に決めていたことがあります。

「やるからには、いい仕事をしてくれるメンバーを集めようと思っていました。そんな私の独断で集めたのが、第1回フォトコンテスト実行委員会のメンバーです」

実行委員は、大阪営業所所長の関田光英、品質管理部次長の徳田結喜、商品開発グループ課長の森美和、通信販売グループマネージャーの緑山知厳、財務グループ主任の滝口幸衣、東京営業所の久保真央、そして伊藤の計7名。伊藤から声をかけられた面々にとっては、青天の霹靂（へきれき）でした。

伊藤と同じ部署で、顔を合わせることが多い久保は、

「フォトコンテストのことは伊藤から小出しにちょこちょこと聞いていたので、指名されたときもそれほど驚かなかったです」

と振り返るものの、そのほかのメンバーにとっては、戸惑いのほうが大きかっ

たといいます。
「どんなことをするのかを伊藤から聞いて、まず浮かんだのが、『大変そうだな』という思いでした。普段の業務とかけ離れているので、何をしたらいいのか想像もつかないという気持ちが先行しましたね」（徳田）
「そもそも、最初に話が来たのが5月ごろで、すでに新型コロナウイルスの流行による緊急事態宣言が出ており、在宅勤務を含めた変則的な勤務形態になっていました。そんな中で、イベントなんてできるのかな？　というのが率直な感想でした」（滝口）
最もエンドユーザーとのつながりが深い通販グループに所属している緑山は、話を聞いた折にこう進言したといいます。
「会社としてエンドユーザーとの結びつきを強化したいという思いは十分理解できるのですが、それをいうなら、もっと先にやることがあるんじゃないかなと思ったんです。たとえば、SNSの活用とか、すでにあるコーポレートサイトの活用とか。エンドユーザーとつながり、盛り上げていく順序として、フォトコンというのは、なんとなく飛び道具的なものに感じてしまったんですよね」（緑山）
そんな中、唯一フォトコンテストに関する経験があったのが、関田でした。日本ゼラチン・コラーゲン工業組合でコンテストを行った際に、担当者として関わった経験があったのです。

しかし、そのときは特設サイトの作成から運用、募集に至るまで、ほかの工業組合委員に頼ることがほとんどでした。

「ですから、今回先に進んでみて初めて、結構ゼライス側でやらなければならないことも多くて大変なんだなと気づきました。これはなかなか厳しいぞと……」（関田）

この実行委員が一堂に会した最初のキックオフミーティングは、2020年6月4日に行われました。もちろん時節柄、オンラインミーティングです。ただ逆に、オンラインミーティングだったからこそ、メンバーの時間を合わせやすく、議論が活発に行われた側面もあると、伊藤は振り返ります。結果的に、コンテスト終了までに計9回のミーティングが開かれ、それぞれ2時間を超える激論が交わされたといいます。

初回のミーティングは、フォトコンテストの目的と、応募者やSNS訪問者などの数値目標の設定、スケジュールやタスク分けについての確認が行われました。

2020年にゼライスは〝ブランド・ストーリーの構築〟を重点課題として掲げていました。

2019年から続けてきたリブランディング・プロジェクトの総仕上げとして、取引先や顧客企業、OB、社員はもちろん、消費者や地域社会といったすべてのステークホルダーに対する認知度を高め、新しい市場をつくっていく――。

フォトコンテストは、そのひとつの手段として位置づけられたのです。

消費者が参加するフォトコンテストを通じて、「お菓子づくり＝ゼライス」というイメージを持ってもらうのと同時に、ゼラチンを使ったお菓子をより身近に感じてもらい、コアなゼライスファンを増やすことも目標のひとつとして掲げられました。


キックオフミーティングについて、久保はこう振り返ります。

「弊社の営業はBtoBが基本で、業者さんと接することがすべてですので、フォトコンをきっかけにエンドユーザーのことを知りたいと思いました。それに、普段の仕事に加えて何かをしたいと思っていたので、こうしたことに携われるのがうれしかったですね」

このキックオフミーティングにおいて、2020年8月1日から9月30日まで写真の募集を行い、創業記念日である10月29日に大賞以下5つの賞の発表を行うという大まかなスケジュールが決まったのです。

「時間がない！」「応募が少ない！」日々の闘いと焦り

実は、当初の予定では、7月14日に制定されている「ゼラチン・ゼリーの日」から写真の募集を始めたいというもくろみがありました。

しかし、実行委員会の設置から準備に至る時間が非常に短く、8月から募集をスタートするのもギリギリのタイミングだったといいます。

「フォトコンテストの概要やテーマ、募集方法などをざっくりと決めたあとで、特設サイトの作成などをしてもらう業者さんを選定したのですが、何しろ初めて

の経験でしたので、さまざまな画像の準備を自社で行わなければならないことがわかり、それがかなり大変でしたね」（久保）
このフォトコンテストを機にゼライス公式のインスタグラムをオープン。その運用を行ったのも久保でした。
「自社保有の画像が不足していたため、同じ画像をどう印象を変えて使い回すかについて頭を使いました」
と、当時のことを振り返ります。
また、募集にあたって、「ゼライス」の発売元であるマルハニチロ（株）に協力を依頼するかどうかも当初の課題でした。
「結果的に、日程が迫っていたためマルハニチロさんにご協力いただくことなく、私たちでできる範囲で告知していこうということになりました。総務部に協力してもらい、地域の子育てサポートセンターや大学などに告知チラシと『ゼライス』のサンプルを配布しましたが、地域と弊社とのつながりの深さに改めて気づかされました」（滝口）
いよいよ8月を迎え、募集開始となったフォトコンテスト。

しかし、開始当初は平日に1～2件、休日に5件ほどの応募があるかないかという状況が続きました。

「このままでは、目標の応募数に届かない……」

「告知が足りないのだろうか？」

メンバーの間にも、不安は広がります。

森は、この時期の気持ちをこう述懐します。

「このまま応募が少なければ、社員の写真で応募数を増やすしかないかも……とか、公にリリースしているのに、単なる社内行事となってしまうのではないか、などの懸念も湧き上がりました。応募者全員を当選させるしかないかもしれないな……とも考えたことをよく覚えています」

通販でユーザーに向けて販促を行っている緑山をしても、フォトコンテストの応募促進というのはまったく未知の世界だったといいます。

「通販は、いくらの広告費をどこに投下したら何件注文が来るのか、数値化しやすいビジネスです。ユーザー側も、広告を見て『欲しい』と思ったら、1本電話をするぐらいの手間ですみます。しかしフォトコンテストの場合、ユーザー側の動きとしては、『ゼライス』を買ってきて、モノをつくって、写真を撮って応募するという複数の手間がかかりますよね。それだけのことをして応募してくれる人がどれだけいるのか？　また、応募のモチベーションを保つには何が必要か？　数値で予測を立てる難しさを感じました」

委員会メンバーは、それぞれの立場でできることを行いました。

関田や久保は、取引先に出向いた際にフォトコンテストのことも説明し、応募のお願いをして回りました。

インスタグラム担当の久保は、インスタ広告を出稿する際に、どういったものがユーザーの心に引っかかるのかをあれこれ工夫してみました。

徳田も、メールの署名欄に「フォトコンテスト開催中」といった内容を入れて、取引先に知っていただくように工夫したといいます。

そのほか、通販で購入してくださったお客様に対して告知チラシを同封したほか、社内報も発行し、社員やその家族に向けてフォトコンテストの周知や参加の呼びかけもしました。

最終的に効果を発揮したのは、意外にも「各賞の賞品として用意しているものを、よりわかりやすく強調したこと」だったといいます。

「やはり、応募のインセンティブって大切なんだなと実感しました。私だって、賞を取ったら何がもらえるんだろう？　と気になりますから」

滝口は笑顔で振り返ります。

そんな開始当初の悩み多き時期、メンバーの気持ちを明るくしたのは社員からの言葉だったといいます。

「果たしてみんなは興味を持ってくれるのだろうかと心配していましたが、『フォトコン、どんな感じ？』とか『応募してみたよ』などと声をかけてくれた社員も多く、それぞれ自分の会社の動きを気にしているんだなということがよくわかりました」（滝口）

また、応募された写真や、それに添えられたメッセージにも大いに励まされました。徳田は、

「応募写真がバラエティーに富んでいたことに、まず驚きました。人物を入れた写真も大歓迎という文言は入れていましたが、お子さんと一緒につくったり食べたりしている写真が思いのほか多くて、見ているだけでなごみましたね」

と振り返ります。
ちょうど新型コロナウイルスの流行による緊急事態宣言下の巣ごもり生活だったことも、応募写真に反映されていたのかもしれません。
「1枚1枚の写真にストーリーがあるんですよね。私たちは商品をつくり、出荷するところまでは知っていますが、それがどう消費者の生活に溶け込んでいるのかまではわかりませんでした。そのあたりの想像がかき立てられる写真に接して、もっと消費者のことを考えないといけないな、とも思いました」（徳田）
「ゼライスパウダーは決して目立つ商品ではないけれど、家族の絆を強めるものなんだということを感じ、会社の存在意義を改めて認識しました」（緑山）

賞の選定と「ONE JELLICE（ワン ゼライス）」

結果的に、特設サイトとインスタグラムを合わせて400件を超える応募が集まりました。商品パッケージを一緒に撮影するという要件を満たしていない作品や、特設サイトとインスタグラムに重複して応募された作品などもありましたが、当初目標としていた件数を超えた応募が集まったことで、7名の実行委員たちもホッと胸をなでおろしました。

入賞作品の選考は、最終選考を除き実行委員による投票で行いましたが、「素敵な作品ばかりで同点が多く発生し、委員会の中で決選投票を実施したのもよい思い出」（徳田）

と話します。

最終選考は、社員全員の投票で決定することになりました。本社コミュニティホールに展示した候補作品の中から、大賞、優秀賞、ならびに笑顔賞、おいしさ賞、うつくしさ賞を選考してもらうことで、社内の一体感——ONE JELLICE（ワン ゼライス）——を醸成していく狙いです。

結果的に、「ONE JELLICE」になれたかどうかと問われれば、自信を持って「イエス」とは答えられないと7名の委員たちは口ごもります。「社員全員が参加とはならなかったことが少し残念」というのが、メンバーの一致した意見です。

しかし、社内と社外を巻き込んだ初めてのコンテストを、準備期間も短い中で立ち上げて成功裏に収めたことは、胸を張ってもよいといえるでしょう。

「ONE JELLICEとしての初の試みであった全社員投票では、当初は稲井社長、小林常務の持ち票を多めにしようとの案もありましたが、結果的に社長から新入社員まで、ひとり1票と公平にしました。これには投票をしてくれた社員からもよい感触を得ています。今後もこのようなフォトコンテストを通じて、社内コミュニケーションの活性化ができればよいと感じています」（森）

このフォトコンテストに関して、実行委員7人全員が今後の継続を願っています。

「こうしたイベントをどんどん若手社員のチャンスにしてあげられたらいいなと思います。そして、若手がアイデアを挙げて実現するという文化が根づいていったらいいですよね。一度関わったプロジェクトは離れてからも気になるものですから、こうしたイベントがゼライスの風物詩になっていくことを願っています」（緑山）

関田もまた、

「初めてのコンテスト開催で課題も多いが、社内外に今後のゼライスの姿勢を示したという点では成果が大きかった」

と振り返ります。

「50歳代の営業担当者も多いわが社ですが、販売するだけではないPRの仕方があるということを示せたと思います。今後、2回、3回と続けていくにあたっては、若手メンバーと女性メンバーをもっと増やしたいですね。応募者の多くは女性なので、とくに女性メンバーの視点は絶対に必要だと思います」(関田)

実行委員長の伊藤は、フォトコンテスト全体を振り返り、こうまとめます。

「当初掲げた数値目標が達成できたことは実行委員の誇りです。また、インスタグラムの運用で当社とゼライスファンとの距離を縮め、ファンの声や反応をよりダイレクトに知ることができたというのも、フォトコンテストをしたからこその実績だと確信しています」

地域の小学校へ理科の実験授業を出前

今回、フォトコンテストで初めて消費者とのつながりを実感した社員も多かったようですが、実は地域とのつながりを大切に育み続けているということは、ゼライスの特長でもあります。

フォトコンテスト委員の滝口は、地域の子育てサポートセンターや大学などに告知チラシと「ゼライス」のサンプルを配布する活動をしたことで「地域とのつながりの深さに改めて気づいた」と語っていました。こうした地域の学校や企業と関係性をつくり、維持する活動を担ってきたのが総務部です。

中でも特筆すべきは、2009年より始まり、震災が起こった2011年も、新型コロナウイルスの流行でオンライン授業が主流となった2020年も変わらず続けられてきた、小学校理科の特別授業だといえるでしょう。2021年3月現在の実績として、延べ37校、71学級、2003名の小学6年生に「消化のしくみ」を理解するための授業を届けてきました。

総務部次長の北島一浩は、この授業の意義についてこう解説します。

「体の中で行われている消化の仕組みを、検査分析グループのマネージャーである佐竹大志朗が丁寧に解説し、ゼラチンに消化酵素を加えたビーカーを観察することで知るという実験をお届けしています。とくに2020年は、新型コロナウイルス感染予防の観点から、理科の実験がまったくできなかったという学校も多く、実験ができることそのものがうれしかったという声をいただきました」

実際の授業では、子どもならではの鋭い質問も飛んでくるとのこと。商品開発グループ課長の森美和によると、

「昆虫にもコラーゲンはあるのかとか、何を勉強したらゼライスに入れるのかなど、さまざまな質問が投げかけられる」

ということです。

「理科の単元のひとつとして授業をお届けするのが私たちの役割ですが、私たち講師の仕事の内容や、この仕事を選択した理由なども伝えることで、社会人として大切なことや、働く意味などもお伝えするというのが、社会人による特別授業の意義だと思っています。参加した子どもたちのキラキラした目を見ると、やってよかったなと感じますね」（森）

拝啓
冷秋がさわやかに感じられる好季節、ますますのご活躍のことと存じます。

さて、先日の理科特別授業では大変お世話になりました。

みなさんのおかげで、どの子も楽しみながら実験に参加でき、
自分なりに消化のことを考えたようです。

内容はとても難しいはずなのですが、説明を丁寧にしてくださったので、どの子も
「なんとなく分かった」「楽しかった」「おいしかった」と嬉しそうに話しておりました。

子供たちがお礼の手紙を書きましたので、つたない文章ですがご一読ください。

この度はお忙しい中、世の中がたいへんな中、わざわざご来校いただき、実験の準備だけでなく片付けまで、そしてプレゼントまで、ありがとうございました。子どもたちに、よい経験をさせていただきました。

本当にありがとうございました。

それでは、寒さに向かっていく季節です。どうぞご自愛ください。

かしこ

令和二年十月十六日

東四郎丸小学校　砂野恵子

ゼライス株式会社
北島一海様

理科特別授業お礼状

また、高校や大学に赴いてキャリアセミナーに講師を派遣するのも総務部の大きな仕事です。ある大学のキャリアセミナーでは、学生で満席だったといいます。

「震災を機に、地域貢献をしたいという学生が増えていることを実感しています。改めて地道な地域貢献を継続する大切さを感じると共に、そろそろゼライスの特別授業を受けた子どもたちが就職活動を始める時期でもあるので、『あのときの小学生です』などという声が聞けるのを楽しみにしています」（北島）

赴く社会活動から、お招きして情報発信する活動へ

こうしたゼライスの社会活動は、今に始まったことではありません。

多賀城市の子育てサポートセンターと協力して行われている親子クッキングや地域の子ども会、NPO法人主催の会など、規模の大小にかかわらず、声がかかったイベントには業務に支障がない限り参加するようにしていると北島は話します。「もちろん、大規模イベントのほうが集まる人数も大きくなります。しかし、大きな活動も小さな活動も、すべて平等だというのが会社の方針です」

ゼライスの経営理念は、

『我が社は常に時代の最先端に位置する企業であるべきであり、そして、私共はすべての人々の幸せづくりに貢献出来ることを誇りとする集団である』

というもの。

この「すべての人々の幸せづくりに貢献」する活動の一環として社会活動があるというのが、ゼライスの考え方です。

これまでは学校やサークルなどに赴いて授業やお菓子づくり、セミナーなどを行ってきました。それに加えて、これからはゼライスに人をお招きして、ゼライスを知ってもらう活動も広げていきたいと北島は語ります。

「2020年に、本社にコミュニティホールを新設したので、ここで地元の小中学校の課外授業や職場体験、企業や先生方、地元のサークルの方々の工場見学などもやっていきたいと考えています。よく『「ゼライス」は昔から使っていたけれど、それを宮城県、しかも多賀城市でつくっていたなんて知らなかった』と言われるんです。そんな声を聞くたび、どんどん情報発信をしていかなければならないなと感じます」

震災で甚大な被害を受けたゼライスは、行政や地域の皆様に多大な支援をいただきました。そんな企業だからこそ、今度は新たな取り組みに向かっていることを積極的に発信し、地域に還元していきたいと考えています。

宮城の地を愛し、地元自治体・企業とつながる

さらにゼライスは、地元の企業や自治体と連携して、宮城県ならではの商品を開発し、世に送り出すことも行っています。

実は、2007~2009年のゼリーの世帯平均購入額が全国1位（総務省家計調査）だったという仙台市。「地元のゼラチンメーカーとして見逃せない」と、2010年に「ゼリーのまち仙台推進協議会」を立ち上げ、本格的に新商品を生み出していく予定だったところ、震災でゼライス本社工場が被災。計画が頓挫してしまったという経緯があります。

その後、2018年に地元百貨店の藤崎と仙台白百合女子大学と共に開発したのが、宮城県産の果物にこだわってつくった「みやぎ『杜の果実』ゼリーセット」です。

商品開発に携わった森は、

「宮城県はお中元に地元の物を送りたいという人が多い傾向があります。このよ

うな県民性と元来のゼリー好きといった地域柄の土壌とが合わさり、『みやぎ「杜の果実」ゼリーセット』は、藤崎百貨店のお中元の特集ページにおいて4年連続トップの売り上げを達成するほどご好評をいただいています」

と、胸を張ります。

ゼリーのラインナップは、山元町産のいちご「もういっこ」、利府町産の梨「長十郎」、柴田町産の「雨乞（あまご）の柚子」、加美郡産のりんご「ふじ」を使った4種類。

「果物というと山形や福島が有名ですが、果物の特産地のゼリーであれば、ほかのメーカーもつくっているため、わざわざゼライスが手がける必要性もありません。ゼライスがつくるからには地元にこだわって、宮城県にはこんなにもおいしいフルーツがあるのだということを知っていただきたいという思いで開発しました。とくに山元町は、ゼライス同様、震災で大ダメージを負った場所です。共に手を携えて復興していこうという意味を込めています」（森）

このゼリーが縁で、利府町の副町長がゼライスに直接電話をしてきてくれたことがあったのだとか。

「最初のご連絡は、梨ゼリーに興味があり、梨のゼリーだけ譲ってくれないかというお話でした。それを機に、利府町にIターンやUターンで来た若者が研修の一環として育てた長十郎梨を、ゼリーの材料や新たな商品の開発にとご提供くださっています」（森）

また、2019年には山元町のいちごを使ったグミも開発。当初は「みやぎ『杜の果実』ゼリーセット」の小サイズを取り扱ってくださっている農産物直売所「やまもと夢いちごの郷」から、「ゼリーで確保した売場スペースをなくさないために、何か商品を考えて欲しい」とのお話があり、期間限定で販売したグミでしたが、予想以上の反響があり、今では通年で取扱いをしていただいています。

ゼリーから広がった縁は、自治体や地元企業を巻き込み、さらなる広がりを見せているのです。

こうした地元企業や自治体のコラボレーションに関して、

「予期しないところからお声がけをいただくことがある」

と北島は話します。

震災から10年経った2021年3月。大きな被害を被った仙台市荒浜地区に、「JRフルーツパーク仙台あらはま」が誕生しました。

そのオープニングイベントの体験教室にぜひ、とゼライスに白羽の矢が立ち、フルーツパークで採れたばかりの新鮮ないちごと「ゼライス」を使ったジュレミルクづくりを行ったのです。

4日間のイベントで体験教室にやってきたのは、32組97名の親子たち。楽しくつくり、「おいしい！」と声を上げる子どもたちに、ゼライスから参加した社員たちも終始笑顔だったといいます。

「フルーツパークさんからお声がけがあったのも、地場企業としてコツコツと地域との関係を深めてきたことが評価されたからだと思います。地道に社会活動を続けてきてよかったなと実感しますね」（北島）

ともすれば企業の社会活動は、社内の特定の部署のみが関わり、一般の社員には関係ないと思われてしまいかねません。しかし北島は、

「社員一人ひとりが地元に愛着を持ち、ゼライスの社員であることに自覚を持って、さまざまな催しに参加してほしい」

そう話します。

2020年に行われたフォトコンテストは、厳密にいえば社会活動とは違うものかもしれません。それでも、こうしたイベントを通じて、ゼライスと消費者、ゼ

ライスと地域のさまざまなステークホルダーの方々との関係が改めて可視化されたことは、社員にとっても新鮮なことだったのではないでしょうか。

消費者の皆様がいてこそのゼライス。そして、地域の皆様とのよい関係があってこそのゼライス。

これからもゼライスは、「すべての人々の幸せづくりに貢献出来ることを誇りとする集団」であり続けます。

ゼラチン、コラーゲンの？に迫る①

Q　豚、牛、魚など、ゼラチンの原料による違いはあるの？

A　原料によって、コラーゲン特有のアミノ酸であるヒドロキシプロリンの量は若干異なります。また、牛や豚のコラーゲンが最もヒトのコラーゲンに近いという説もあります。
しかし、ゼラチンとしての働きの違いは、原料種よりも製法に依存するところが大きく、また、コラーゲンペプチド、およびコラーゲン・トリペプチドにまで分解してしまえば、原料種よりも分子量が重要な役割を果たすと考えられます。

Q　「ゼライス」のゼラチンが豚由来なのはなぜ？

A　クジラ由来の原料が手に入らなくなった時期から、国内産の豚の皮からゼラチンをつくっていました。なぜ「ゼライス」の原料が豚だったのかという明確な理由は、今となってはよくわかりませんが、昔から東日本は豚、西日本では牛が多く飼育されていたというのもひとつの理由なのではないかと考えられています。
ちなみに、豚の皮だけではなく、「床（とこ）」と呼ばれる真皮と表皮の間の部分も使ってアルカリ処理によりゼラチン化していく製法は、ゼライスが独自開発したものです。

21世紀と人の体をつくるゼライス

第2章

コラーゲン、ゼラチンと、コラーゲンペプチド、コラーゲン・トリペプチド

ゼライスが主に扱っている商品は、食用や医薬用、工業用、写真用のゼラチン、およびコラーゲンペプチドやコラーゲン・トリペプチドといったコラーゲン加水分解物といわれるものです。

まずはざっくりと、コラーゲン、ゼラチンと、コラーゲンペプチド、コラーゲン・トリペプチドについて説明をしましょう。

【コラーゲン】

生体の骨や皮などに含まれている物質で、たんぱく質の一種です。

コラーゲンの構造をミクロに見ると、アミノ酸の鎖（ペプチド）が3本らせん状により合わさった構造をしています。このらせん構造のおかけで、コラーゲン

はとても丈夫です。コラーゲンは水をよく保持する性質があり、体内のコラーゲン分子にも多くの水分子がつなぎとめられています。とはいえ、コラーゲンは水に溶けやすいというわけではありません。むしろ溶けない分子（不溶性）です。

【ゼラチン】

動物の骨や皮に含まれているコラーゲンを抽出したものです。ただし、抽出の前に酸、あるいはアルカリによる処理を行った後、加熱することによって、丈夫ならせん構造が解けた状態になります。

ただの長いペプチドの状態になったゼラチンは、水に入れると3重らせんのコラーゲンであったときと同じようにたくさん水分を吸いますが、らせん構造は解けているために、お湯であれば溶けるようになります。これを冷やすとプルプルのゼリー状になることから、ゼリーやババロアなどのお菓子の材料として使われています。

また、ゼラチンは糊のように物と物とを接着する性質も持っています。しかも乾燥するととても固くなるので、この性質を利用して、接着剤や写真の材料など、さまざまな用途に用いられます。

【コラーゲンペプチド】

このゼラチンに酵素を加え、長いペプチドをランダムに分解して短いペプチドにしたものがコラーゲンペプチドです。コラーゲンペプチドはゼラチンよりもさらに分子量が小さく、サラサラと水によく溶けます。ただし、短いペプチドとなったことでゼリーとなる性質は消えてしまうため、冷えても固まりません。

【コラーゲン・トリペプチド】

コラーゲンペプチドの場合とは異なる特殊な酵素でゼラチンを分解したものです。この酵素はとても几帳面な性質で、ゼラチンのペプチドの鎖をアミノ酸3個ごとに規則的に切り出します。これにより、3個のアミノ酸から成るペプチド(トリペプチド)が高濃度で生成されます。

従来のコラーゲンペプチドは体内で酵素分解を経て吸収されますが、コラーゲン・トリペプチドは小腸からそのまま吸収されるのが特徴です。

ゼライスは、このコラーゲン・トリペプチドの製法特許を取得しています。

分子量	消化吸収性	名称と形態	特徴	1分子あたりのアミノ酸数	用途
大	小	コラーゲン	水に溶けない。アミノ酸の鎖が3本らせんになっている	約3000個	畜肉製品(ソーセージ等)、化粧品、高度医療
		↓ 加熱 加水分解			
		ゼラチン	らせん構造が解けてバラバラの状態(長いペプチド)。お湯に溶け、冷やすと固まる	約100～3000個	食品、医薬品、写真材料、高度医療
		↓ 酵素を加える			
		◦コラーゲン ペプチド	ゼラチンの長い鎖を切り、短いペプチドとした状態。水に溶け、冷えても固まらない。ただし、ペプチドの長さはまちまち	約30～100個	健康食品、食品、医療
		◦コラーゲン・トリペプチド	ゼラチンの長いペプチドをアミノ酸3個ごとに分解、長さが均一なトリペプチドとなった状態	3個	健康食品
小	大	◦アミノ酸	アミノ酸1個まで分解された状態。たんぱく質を構成する基となるもの	1個	調味料
分子量	消化吸収性				

コラーゲン、ゼラチンと、コラーゲンペプチド、コラーゲン・トリペプチド

コラーゲンの基本の「き」

●私たちの体の中にも、もともとコラーゲンがある

コラーゲンは、脊椎動物の体内に最も多く含まれるたんぱく質です。人間は体重の約16パーセントがたんぱく質で、その中の約30パーセントがコラーゲンだといわれています。

とくに、皮膚の約40パーセント、皮膚組織の真皮部分の約70パーセント、骨の約30パーセントをコラーゲンが占めており、ほかにも血管や腱(けん)、内臓、目、脳など、体中の至るところに分布しています。

体内のコラーゲンは、細胞と細胞、組織と組織をつなぐ接着剤のような役割を果たしており、体の若々しさや健康に大きく関係しています。

さらに最近では、細胞を増やしたり、傷口を早く治したりするなどの生体機能

にも、コラーゲンが大きく関わっていることがわかってきました。

●体内に存在するコラーゲンの主な働き

コラーゲンの具体的な働きとして、現在までに明らかになっている作用は複数あります。

①関節の円滑な動きをサポートする
②骨をしなやかに保つ
③肌にハリを与える
④血管の弾力性を維持する
⑤歯肉を健康に保つ

ゼラチンの基本の「き」

●ゼラチンって何からできているの?

ゼラチンは、動物の骨や皮などに豊富に含まれているコラーゲンからつくられます。これらの原料中にはコラーゲン以外の不純物も多く含まれていますが、これを精製することでできる動物性たんぱく質が、ゼラチンです。

生体内のコラーゲンは組織にしっかりと結合しており、脂肪とも近い位置にあります。そこからコラーゲンだけを取り出すことは、実は簡単ではありません。そのため、ゼラチンの製造工程では数多くの緻密な工夫がなされ、不純物が取り除かれます。

皆さんがスーパーなどで手に取るゼラチンはコラーゲン由来の精製物で、全体の約90パーセント近くがたんぱく質であり、脂肪はほとんど含まれていません。

ゼラチンは、完全に乾燥していると固くて強い素材で、熱いお湯に入れてもな

〈ゼラチンの組成〉

たんぱく質	87.6%
水分	11.3%
灰分	0.8%
脂質	0.3%
炭水化物	0%

※引用元：日本食品標準成分表（七訂）

かなか溶けません。しかし、水の中にしばらく入れておくと水を吸って柔らかく膨らみ（これを「膨潤（ぼうじゅん）」という）、お湯で簡単に溶けるようになります。

お湯に溶けたゼラチンは、冷やすと固まり、ゼリー状になります。ゼリー状になったゼラチンは、体温程度の温度でも溶ける特徴があります。

私たちの身近な素材からできるゼラチンとしては、「煮こごり」があります。煮魚や肉の煮込みが冷えたとき、煮汁がプルプルとしたゼリーのように固まっているのを見たことがありますよね。これが煮こごりです。これは、魚や肉のコラーゲンが加熱によって煮汁に溶け出し、ゼラチン化してゼリー状に固まったものです。

●ゼラチンの起源は、古代エジプト時代にあり

ゼラチンのルーツは、今から5000年以上前、古代エジプトの「にかわ（膠）」の製造から始まったと伝えられています。

にかわとは、動物の皮や骨、腱などを水と共に加熱して製造したもので、接着剤や粘着剤として使われてきました。ちなみに日本語の「にかわ」という言葉は、「皮（かわ）」を「煮（に）」てつくる製造法から生まれたといわれています。

にかわの基本的な製法はすでに古代エジプト時代にはでき上がっていたと考えられており、6世紀ごろの中国の記録には、ほぼ完成された製造技法が残されています。

現在日本で受け継がれている技法も、それとほとんど変わりがありません。ヨーロッパではバイオリンなどの弦楽器の接着剤として広く用いられてきたほか、日本画の世界では、絵の具と画面を接着するのにも使われています。また、伝統工芸品や美術品の修復にも広く利用されています。

19世紀になると、ゼラチン溶液に硝酸銀を加えてつくる写真乳剤が開発され、感光剤として広く使われるようになりました。現在でも、銀塩写真フィルムの素材としてゼラチンが利用されています。

その後も研究開発が進み、さまざまな特性と使い勝手のよさを生かして、食用や医薬用、写真用、工業用など、幅広い分野で活用されています。

●ゼラチンの製造工程

ゼラチンの生産には、主に牛骨や牛皮、豚骨や豚皮、魚のウロコや魚皮などが使われています。こうした原料から効率よく高品質なゼラチンを抽出するために、塩酸や硫酸などの酸、もしくは石灰などのアルカリを用いて原料の前処理を行います。前処理の終わった原料は水洗いされ、使用された酸、アルカリやその他の不純物が丁寧に除去されます。

その後、厳密な工程管理と徹底した衛生管理体制のもと、製造が行われます。

原料からゼラチンを抽出する工程では、原料にお湯を加え、大きな釜で一定の温度と時間を保持する操作が行われます。これは先ほど説明した「煮こごり」ができる原理と同じ仕組みによるものです。

原料を酸かアルカリのいずれで前処理をするかによって製造方法は大きく2つに分かれますが、ゼラチン抽出以降の工程は同じです。

抽出
↓
ろ過
↓
精製
↓
濃縮
↓
殺菌・冷却
↓
乾燥
↓

粉砕・混合
↓
ゼラチン製品

●ゼラチンを製造する前に行われる、酸処理・アルカリ処理の違いとは

一般的に、酸処理は半日から1週間ぐらいかけて行いますが、アルカリ処理は、数週間～2か月程度の時間をかけて行います。

この酸処理とアルカリ処理の違いによって、ゼラチンの性質が若干異なってきます。そのため、お客様の希望する最終商品からpH値や食感のイメージを想定して、最もふさわしいゼラチンを提案しています。

ゼライス株式会社の看板商品「ゼライス」は、豚の皮や骨をアルカリ処理したものを原料としています。

アルカリ処理ゼラチンは酸処理ゼラチンと比較すると、紅茶やコーヒーのゼ

リーをつくっても濁りにくく、広い用途に安心して使うことができます。また、ゼライス独自の技術により、溶解性が高く、匂いが少ないという特長があります。

●ゼラチンは、高たんぱく低脂肪な優秀食品

ゼラチンにはコラーゲン由来のたんぱく質が約90パーセント含まれ、脂肪はほとんど含まれていません。

ゼラチンのたんぱく質は18種類のアミノ酸で構成されており、トリプトファン以外の必須アミノ酸がすべて含まれています。消化吸収もよいため、小さなお子さんからお年寄りまで、ぜひ活用していただきたい食品です。

●ゼラチンの最大の特性は、「ゾル」と「ゲル」

ゼラチンの元となるコラーゲンは、ペプチドの長い鎖3本がらせん状により合わさった構造をしています。コラーゲンの加熱により、このらせん構造が解けて3本の鎖がバラバラになります。これがゼラチンです（51ページ図参照）。

熱い液体の中では、ゼラチンの長い鎖状の分子が自由に動きます。この状態を「ゾル」と呼びます。

続いてゼラチン液の温度を下げていくと、分子の運動が不活発になり、分子同士が引きつけ合って弾力性のある網目状の構造をつくります。これを「ゲル」といいます。

ゼラチンは、熱すると溶けて液体（ゾル）になり、冷やすと固まってゼリー（ゲル）になる……というように、温度次第でゾルとゲルの性質の間を行ったり来たりすることができます。この変化がゼラチンの不思議であり、最大の特性だといえるでしょう。

でもこの特性のおかげで、暖かい部屋にゼラチンゼリーを出したままにしておくと、ゾル状に溶けてしまうので気をつけましょうね。

●こんなところにもゼラチンが！　意外な使われ方をご紹介

近年ゼラチンの用途として拡大したのは、食品分野と医薬品分野です。

ほかにも、化粧品やサプリメント、日用品、工業用品、芸術用品などの用途があります。

▼おいしいゼラチン

ゼリー、プリン、ババロア、ヨーグルト、マシュマロ、グミ、ソフトキャンディー、フローレット菓子、肉の加工品（ハム、ソーセージ、テリーヌ）、冷凍食品、コンビニレンジアップ商品、日本酒、ワイン

ゼリーを固めるゲル化力、グミの形を保つ保形力としての機能が使われるほか、あられやせんべいなどの表面にトッピングを付着させるための結着力としての機能も使われています。また、テリーヌを固めたり、餃子やハンバーグをジューシーにしたり、クリームコロッケの形を保つことにもゼラチンが用いられています。最近では、温めると溶けてスープ状になるゼラチンの特質を生かし、コンビニの弁当や総菜の液体スープを固めるのにも重宝されています。

日本酒やワインの醸造の際には、清澄ろ過工程に使われています。

▼食事をサポートするゼラチン

高齢者用嚥下（えんげ）サポート剤

水分補給の際に、お茶や水などをゼラチンで固めてゼリー状にし、嚥下しやすくするために使用されています。

▼美しく、健康になるゼラチン

化粧品および医薬部外品、シャンプー、リンス、ドリンクなどの原料素材、サプリメント

天然の保湿成分として、さまざまな化粧品に使われています。また、たんぱく質やコラーゲンを多く含む食材としても注目されています。

▼医薬用ゼラチン

薬剤のカプセル、結合剤、医薬品（注射剤成分）の安定化剤、栄養剤、止血剤

薬のカプセルや湿布薬に使われるほか、錠剤の形を整えたり、吸収を助けたりするための添加剤として利用されています。そのほか、火傷の被覆材、手術時の癒着防止フィルム、止血剤、手術用の糸にも利用されています。

▼工業用ゼラチン

芳香剤や接着剤、カーボン用紙などに使われるマイクロカプセル

▼写真用ゼラチン

レントゲンフィルム、写真のネガフィルム、印画紙

フィルムや印画紙には、光に反応してフィルムなどを黒く感光させる感光材が塗られていますが、この感光材をフィルムに均一に塗布するのにゼラチンが用いられます。

余談ですが、ゼラチンの持つ膨潤特性、ゾルの粘性、ゼリーの形成などや、ゼラチン中に含まれる微量成分までもが写真の良し悪しに影響します。たとえば、牛由来のゼラチンだとコントラストがはっきりするとか、クジラ由来のゼラチンだ

と柔らかく温かみのある色合いになるといった具合です。

そこで以前は、この天然物ならではの特性の違いがフィルム写真の技術として生かされていました。デジタルカメラの普及に伴いフィルムや印画紙の市場規模は縮小していますが、近年カメラファンの間では、フィルム写真のよさが再び見直されています。

▼芸術に使われるゼラチン

アーティスティックスイミングのヘアセット剤、日本画の画材、墨汁、雛(ひな)人形(日本人形)

お雛様が美白なのも、ゼラチンのおかげです。昔ながらの頭(かしら)は、桐粉(きりこ)などでつくられた生地に貝殻を焼いて粉末にした胡粉(ごふん)と、にかわ(56ページの説明参照)を混ぜた顔料で形をつくっていきます。最終的に上塗り用の胡粉とゼラチンを混ぜ、牛乳ぐらいの濃さにしたものを塗って美しい顔に仕上げます。

こんなところにもゼラチンが！

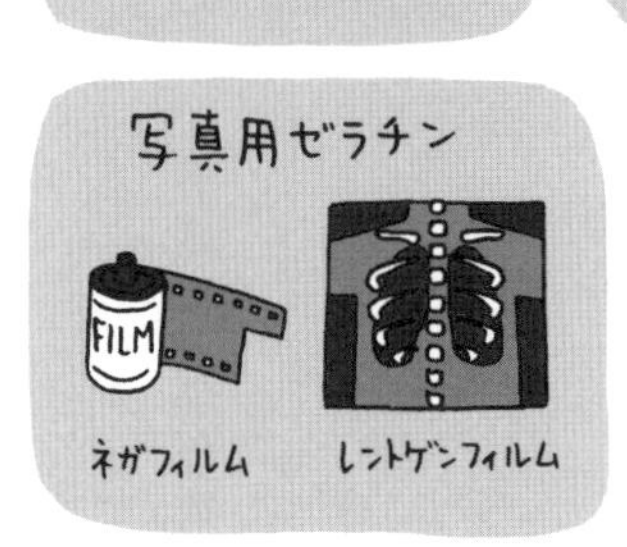

芸術に使われるゼラチン

墨汁

お雛様の顔

コラーゲンペプチドと
コラーゲン・トリペプチドの基本の「き」

●コラーゲンペプチドって何？

ゼラチンを、酵素を使ってさらに分解したものがコラーゲンペプチドです。コラーゲンペプチドはゼラチンよりも分子量が小さくなったことで、より水に溶けやすくなり、飲み物にサラサラと加えただけで溶けるものもあります。

一方、ゼラチンの持つゼリーになる性質は失われているため、冷えても固まりません。

分子が小さくなったことで、体への消化吸収性はゼラチンよりも高くなっています。

コラーゲンペプチドの原料には、豚や牛の骨や皮、魚の皮やウロコが使われていますが、精製技術の進化により、ほぼ無味無臭の粉末で提供されています。原料による作用の違いは、ほとんどないと考えて差し支えありません。

現在、ドラッグストアなどで、たくさんの「コラーゲン入り」サプリメントや「コラーゲン入り」飲料が販売されています。この場合の「コラーゲン」とは、「コラーゲンペプチド」のことを指しています。

研究者の間では、「コラーゲン」と「コラーゲンペプチド」を混同しないように呼び分けています。

●コラーゲン・トリペプチドは、3個のアミノ酸の連なり

では、コラーゲン・トリペプチドとはどのようなものなのでしょうか？

たんぱく質は、アミノ酸の連なっている数によって呼び名が異なります。ひとつであれば「アミノ酸」ですが、2つ連なると「ジペプチド」、3つ連なると「トリペプチド」と呼ばれます。コラーゲン・トリペプチドとは、「コラーゲンの長い鎖をアミノ酸3個の長さにまで分解しましたよ」という意味です。

では、トリペプチドだと何がいいのでしょうか？

たんぱく質は、胃腸で小さく消化分解してから体に取り込まれます。その際に、

大きいたんぱく質よりも、小さいほうが楽に消化分解できることがわかっています。ゼラチンよりも、ゼラチンを酵素分解したコラーゲンペプチドのほうが吸収されやすいのはこのためです。

とはいえ、コラーゲンペプチドもアミノ酸が長く連なった大きなかたまりで、30～100個程度のアミノ酸が連なっています。これだけの大きさがあると、そのままでは吸収できませんので、吸収の前に消化してもっと小さく分解する必要があります。

消化されたたんぱく質の吸収は小腸で行われますが、取り込みできるサイズが決まっていて、「アミノ酸」「ジペプチド」「トリペプチド」のいずれかの形であるとスムーズに吸収ができます。つまり消化器官は、大きなコラーゲンペプチドがこのサイズになるまで、一生懸命分解し続けるわけです。

消化後、「アミノ酸」はアミノ酸専用の吸収サイト（取り込み口）から、「ジペプチド」「トリペプチド」は、ペプチド専用の吸収サイトから吸収されます。

コラーゲン・トリペプチドは、すでにコラーゲンがトリペプチド化しているため、食べた後そのままペプチド専用の吸収サイトから吸収され、消化の必要がありません。このため、コラーゲンペプチドよりもずっと効率よく吸収できます。そして、体のすみずみの器官（たとえば軟骨細胞や皮膚、骨、腱など）に素早くダイレクトに運ばれるのです。

ゼライスは、コラーゲンをトリペプチド化する酵素分解技術について、世界初の特許を取得しました。

●アミノ酸より大きいトリペプチドのほうが効率的に吸収されるワケ

ここで、「トリペプチドを取るよりも、小さなアミノ酸をたくさん取ったほうが効率的なのでは？」という疑問を持つ人がいるかもしれません。

確かに、アミノ酸が3つつながっているトリペプチドよりも、単体のアミノ酸のほうが小さくて吸収がよいように感じますよね。

しかし、そういうわけでもないのが人体の面白いところです。

先ほど、アミノ酸やトリペプチドが小腸の専用吸収サイトから吸収されるとお話ししました。このサイトの名前は、それぞれ「アミノ酸トランスポーター」「ペプチドトランスポーター」と呼ばれています。

アミノ酸トランスポーターと、ペプチドトランスポーター

実は、アミノ酸トランスポーターよりペプチドトランスポーターのほうが、吸収する能力が高いのです。ペプチドトランスポーターは、血液中に吸収されるスピードがより速い、高速道路のような太い道と考えてください。

小さいアミノ酸ならペプチドトランスポーターからも吸収されるように想像しますが、実はそうではありません。その吸収口には門番がいて、入れるものを選り分けています。残念ながら、アミノ酸はペプチドトランスポーターから入ることができません。

コラーゲン・トリペプチドは、体の仕組みに合わせた加工を施すことによって、コラーゲンの吸収性を最大限まで高めた

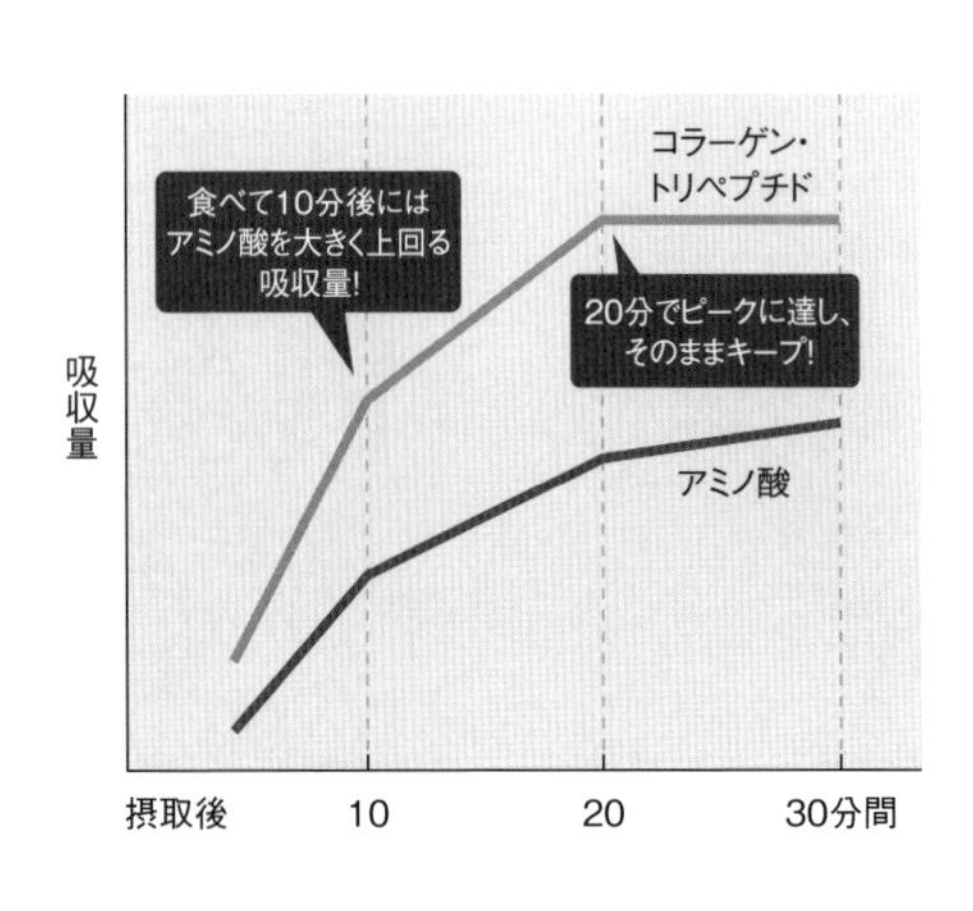

消化管からの吸収性（ラットを使った実験）

ということです。

余談ですが、ペプチドトランスポーターは、たとえば口唇ヘルペスの抗ウイルス薬として使われているバラシクロビルも通っていくことがわかっています。トリペプチドやジペプチドでもないバラシクロビルは通れるけれど、トリペプチドやジペプチドと同じ仲間で、より小さなアミノ酸が通れないなんて、面白いですよね。

●ゼライス独自の「トリペプチド化技術」ってどんなもの？

コラーゲンペプチドは、ゼラチンを酵素分解してザクザクと大きく切ったものです。一方のコラーゲンペプチドは、コラーゲンペプチドをさらに酵素分解し、規則的に同じサイズのペプチド（アミノ酸数3個）に切ったものです。

しかもコラーゲン・トリペプチドは、ただアミノ酸が3個連なっているというだけではありません。

コラーゲン配列の大部分は、「グリシン－プロリン－ヒドロキシプロリン」や「グリシン－プロリン－アラニン」など、グリシンとほかのアミノ酸2つが繰り返される構造をしています。体のたんぱく質の中で、これほど高度に同じ配列を繰り返す分子はまれです。

ゼライスでは、このグリシン部分で分子を切り出せばコラーゲン・トリペプチドを生成できることに気づきました。

しかし、グリシンの部分で正しく切り出すには難しい技術が必要でした。研究に研究を重ね、その方法を世界で初めて開発したのが、ゼライスなのです。

●どうやって「トリペプチド化技術」を発見したの？

トリペプチド化技術の研究は、ワクチン接種後のアナフィラキシーショックの原因と見なされていた、ゼラチンアレルギー対策の研究から始まりました。

以前は、ワクチンの安定化剤としてゼラチンが多く使われていました。ところが、１９８９年～１９９６年の間に、ゼラチンを含む3種混合ワクチンを生後3か月～24か月の未熟な乳児に接種したことにより、ゼラチンの抗体がつくられてしまったケースが出現したのです。

ワクチンの安定化剤としてのゼラチンで、アレルギーが生じてしまったことは大事件です。

ゼライスでは、アレルギーの心配がなく、かつ安定化剤としての性能が維持されている製品をいち早く開発すべく、研究を続けていました。

その結果、アレルゲンとしてわかってきた部分を完膚なきまでに壊す酵素分解技術を発見し、アレルゲン性を大幅に低減させた医薬用ゼラチン「フリアラジン®」が開発されたのです。

そのフリアラジン®をさらに詳しく調べてみると、今までにない成分が含まれていることを発見しました。それがコラーゲン・トリペプチドです。

コラーゲン・トリペプチドを研究していくと、これまで説明してきたように、コラーゲンの最小単位でアミノ酸よりも効率よく体内に吸収されることや、体が

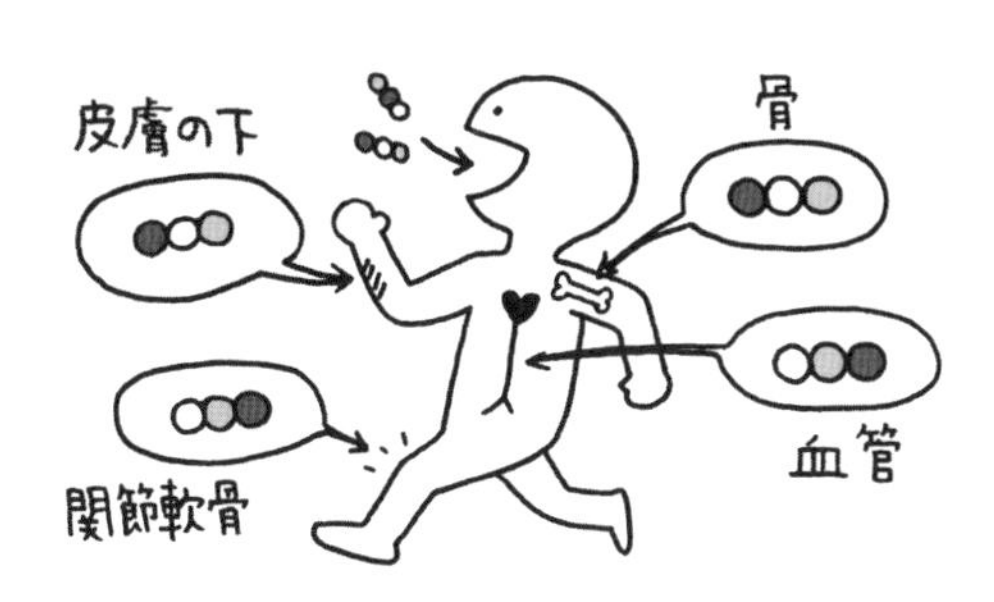

必要としている箇所に選択的に届くこと、コラーゲンの産生だけでなくヒアルロン酸の合成も高めることなどが確認されました。

つまり、アレルゲン性を低減した医薬用ゼラチンを開発する過程で発見した酵素分解技術が、コラーゲン・トリペプチドの発見につながったわけです。

●コラーゲン・トリペプチドは新しいコラーゲンをつくるための司令塔

コラーゲン・トリペプチドは、小腸にある栄養の取り込み口の中のトリペプチド専用の取り込み口から吸収されて運ばれることは、70ページで説明した通りです。

また、コラーゲン・トリペプチドの特長としては、関節軟骨や皮膚、骨、腱、血管などコラーゲンが多い組織に効率よく届くことが挙げられます。コラーゲン・トリペプチドを取り込んだ部位が濃く染まるようにしたラットの実験によると、皮膚や骨、関節軟骨、血管など、コラーゲンが多い組織を選んで届けられている様子がよくわかります。

しかし、取り入れたコラーゲンがそのままダイレクトに骨や皮膚をつくっているわけではありません。

最新の研究では、体の中に運ばれたコラーゲン・トリペプチドが皮膚や骨などでコラーゲンをつくる線維芽細胞や骨芽細胞になんらかの刺激を送り、新しいコラーゲンをつくるように指令を出しているのではないかと考えられています。

●コラーゲン・トリペプチドに期待できること

体をつくっているたんぱく質は、常に代謝を繰り返しています。コラーゲンもたんぱく質なので代謝を繰り返しているのですが、年齢と共に、そのスピードは衰えていきます。

結果として、体の中のコラーゲン量は、骨格や筋肉がつくられる20歳代をピークに減少していき、70歳代になると20歳代の半分にまで減少してしまうことがわかってきました。

さらに、年を重ねるごとに起こるのが、体の酸化と糖化です。

酸化とは、体の脂質やたんぱく質、細胞のDNAなどが活性酸素によってダメージを受けること。糖化とは、糖分の一部がたんぱく質のアミノ酸と反応し、最終糖化物質（AGEs（エージス））と呼ばれる老化物質を生み出してしまうことをいいます。

このような体の老化によって、肌が黄ばんだり、弾力性を失ったり、骨や関節がもろくなったりします。

そこに外からコラーゲン・トリペプチドを補い、コラーゲンの代謝を促進すると、皮膚や骨、関節、血管、内臓といったコラーゲンが集中している組織や器官に影響を及ぼします。いわゆるアンチエイジングが期待できるというわけなのです。

▼肌への影響

肌のハリを保ち、ドライスキンを改善するなど、美肌に欠かせないコラーゲン。

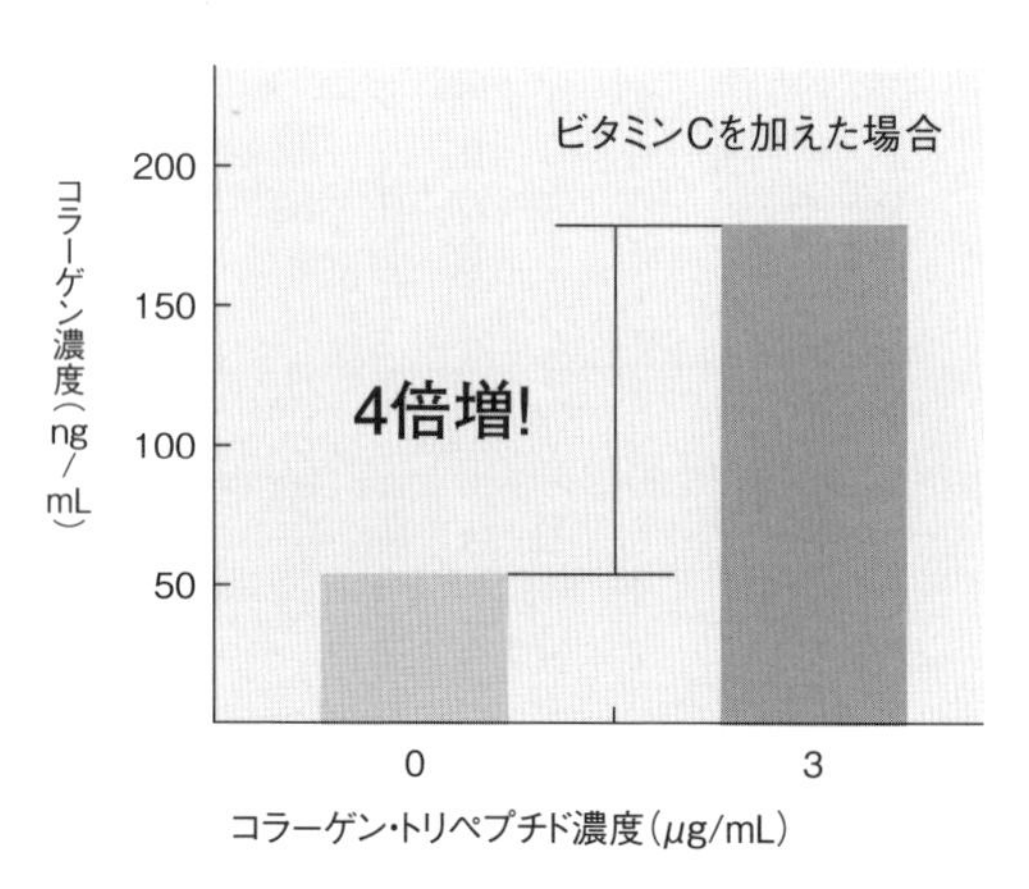

コラーゲン産生能（ヒト皮膚線維芽細胞を使った実験）

コラーゲン・トリペプチドは、体内でコラーゲンを生成する能力を大きく高める作用があり、肌を美しく保つことが期待されます。

ちなみにコラーゲン・トリペプチドは、ビタミンCが十分に体にある状態で摂取することで、さらに効果的に作用します。ビタミンCと同時に取るべきというわけではありませんが、タバコやお酒をたしなむ人やストレス過多な人はビタミンCを多く消費してしまう傾向にありますので、意識的にビタミンCを摂取するとよいでしょう。

またコラーゲン・トリペプチドは、潤いのある肌に欠かせないヒアルロン酸をつくる力を高める作用もあります。ヒア

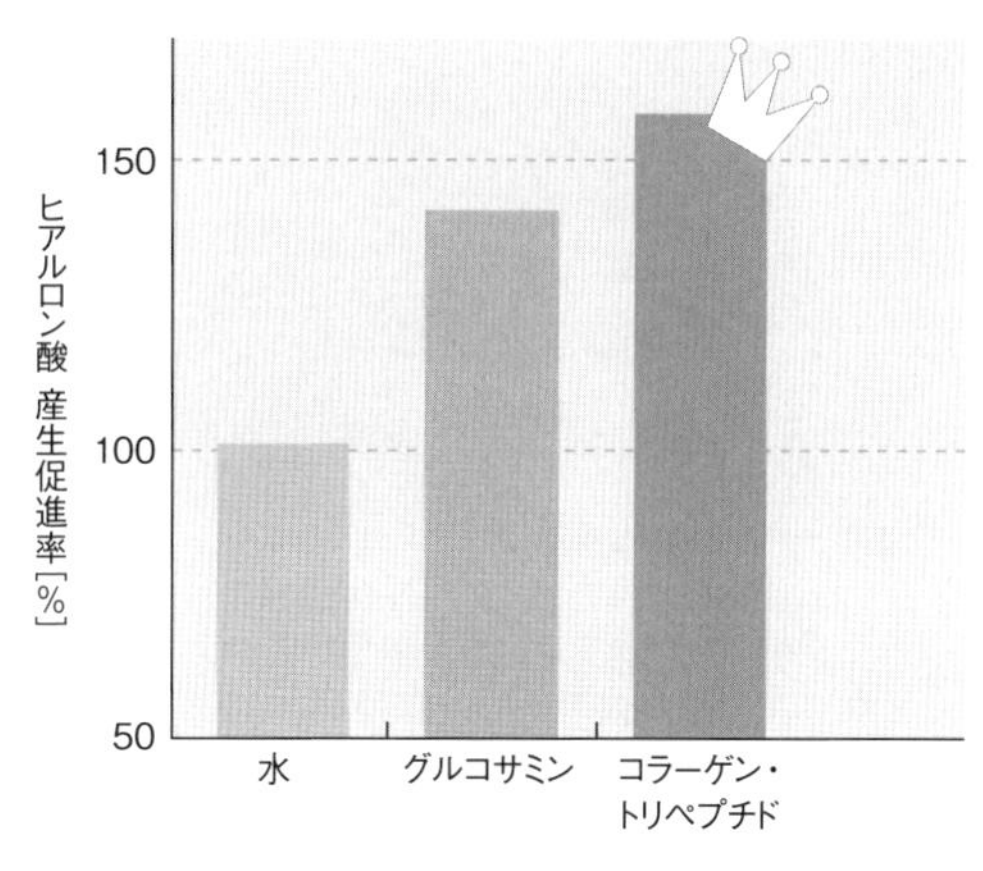

ヒアルロン酸産生能（ヒト皮膚線維芽細胞を使った実験）

ルロン酸産生作用が高いといわれるグルコサミンと比較しても、コラーゲン・トリペプチドのほうがより多くのヒアルロン酸をつくる働きがあることがわかります。

※基礎化粧品に含まれているコラーゲン、およびコラーゲン・トリペプチドについて

コラーゲンそのものは分子量が大きいため、皮膚の表面に塗布しても皮膚の内部まで浸透することはありません。しかしゼライスは、コラーゲン・トリペプチドが角質層まで浸透することを最初に発見しました。

ゼライス独自のトリペプチド配合化粧品には、コラーゲンとコラーゲン・トリペプチドがバランスよく配合されています。コラーゲン・トリ

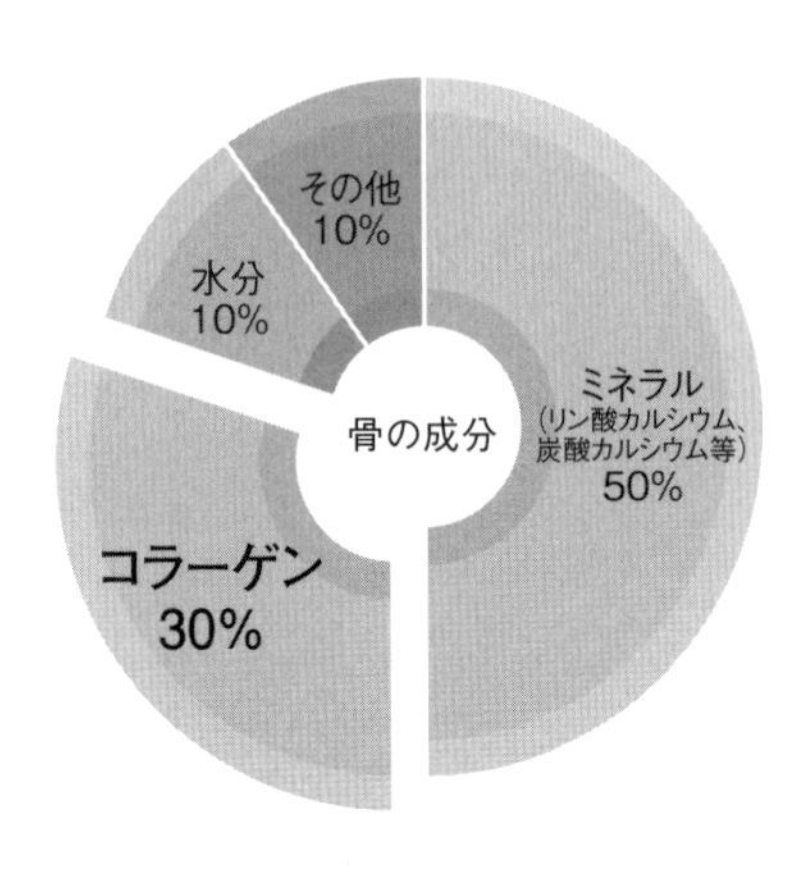

骨の成分に占めるコラーゲンの割合

ペプチドは角質層まで浸透し、コラーゲンやヒアルロン酸を生み出す力を高めます。一方、トリペプチド以外のコラーゲンは、皮膚表面での保湿効果を発揮します。

▼骨への影響

骨を丈夫にしようとカルシウムのサプリメントを摂取している人も多いと思います。しかし、骨の質量の約30パーセント、体積でいうと50パーセントはコラーゲンでできていることをご存じでしょうか。

コラーゲンは、骨の構造を支えると同時に、しなやかで弾力のある骨の組織をつくる土台となっています。

もしも骨がカルシウムなどのミネラル

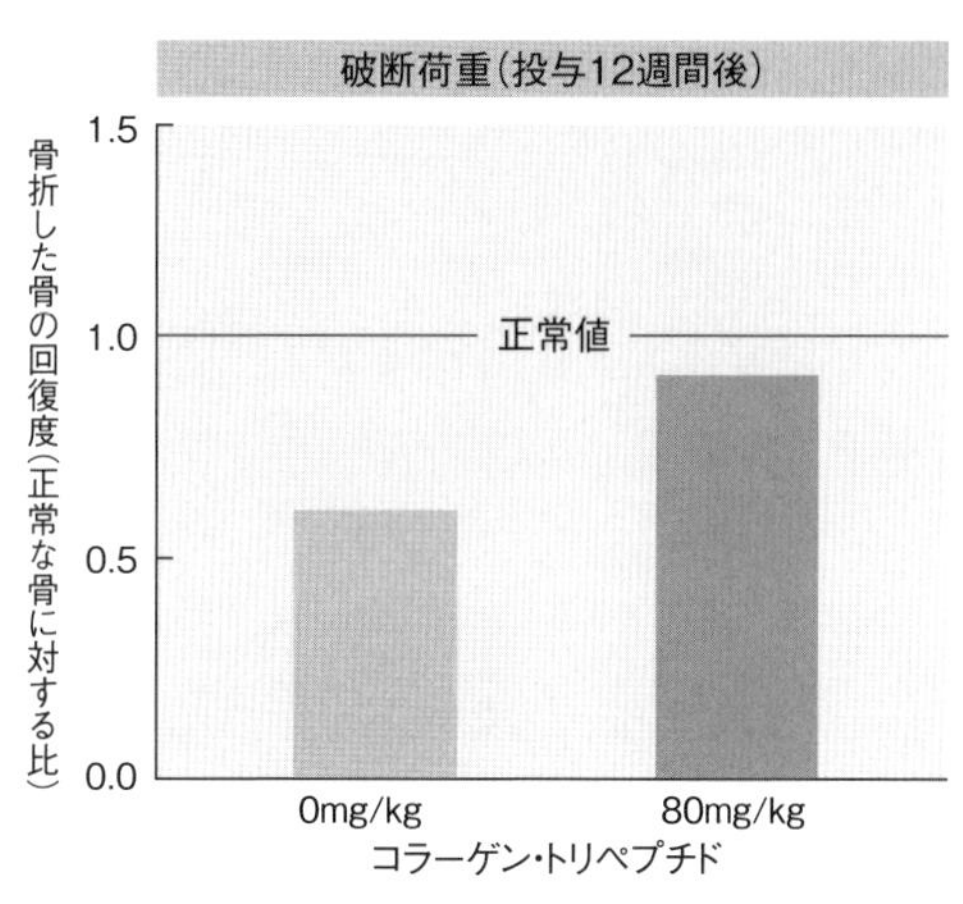

骨強度測定結果（ラットを使った実験）

だけでできていたら、少し高いところから飛び降りたときに、その衝撃で骨がボロボロと壊れてしまうはずです。しかし実際は、骨の体積の半分を占めるコラーゲンがしなやかにたわみ、衝撃を吸収してくれます。

つまり、丈夫な骨には、コラーゲンとカルシウムの双方が必要なのです。

コラーゲン・トリペプチドは、骨をつくる骨芽細胞に働きかけ、コラーゲンとカルシウムの両方の合成を促進させたり、減少にブレーキをかけたりする作用があります。また、骨の柔軟性や強度を高めるので、丈夫で健全な骨の形成のサポートや、骨折時のサプリメントとしての有用性も期待されます。

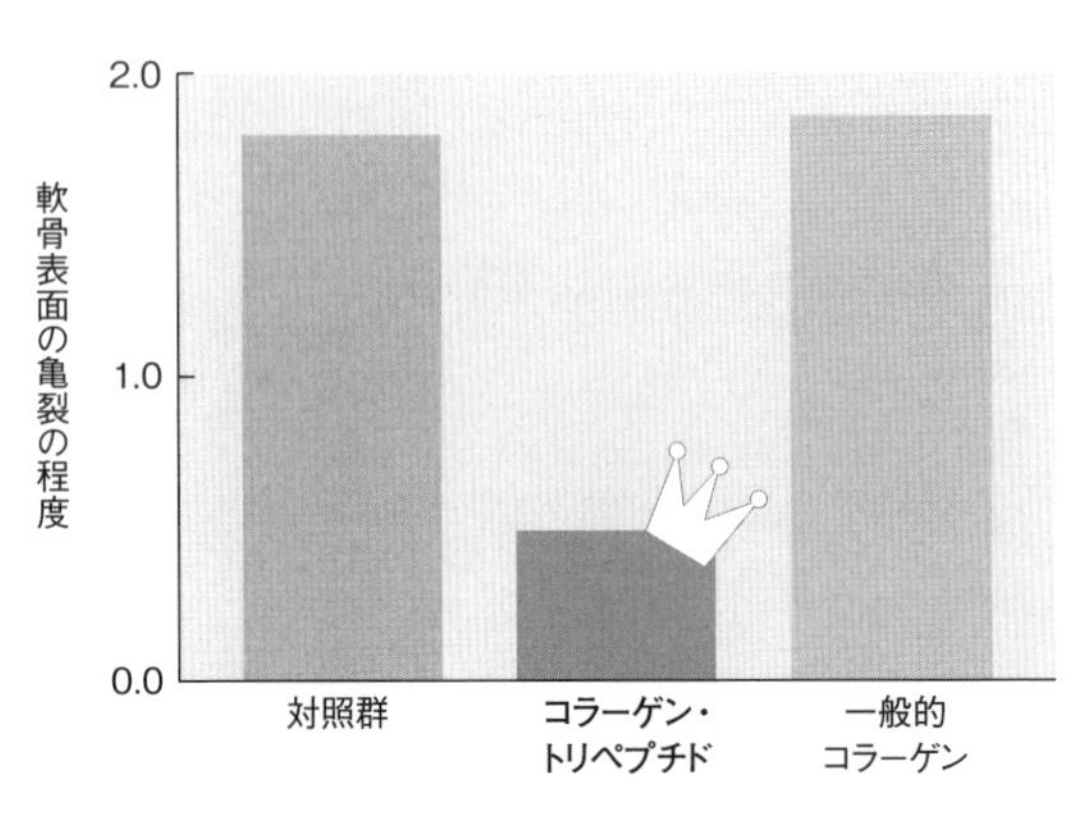

4週間後の軟骨表面の組織観察スコア（ウサギを使った実験）

骨のコラーゲンが不足すると骨がもろくなって骨折しやすくなるうえ、骨折した場合の治りが悪くなります。

骨折が原因で寝たきりになるお年寄りもいらっしゃいます。丈夫な骨をつくることは、生涯を元気に過ごしていくうえで、とても大切なことなのです。

▼関節への影響

骨と骨の間の摩擦や衝撃を吸収するクッションの働きをする軟骨も、コラーゲンが重要な役割を担っています。

関節軟骨の約50パーセントはコラーゲンが占めていますし、関節のクッションの役割をしているヒアルロン酸の生成もコラーゲンがサポートしています。

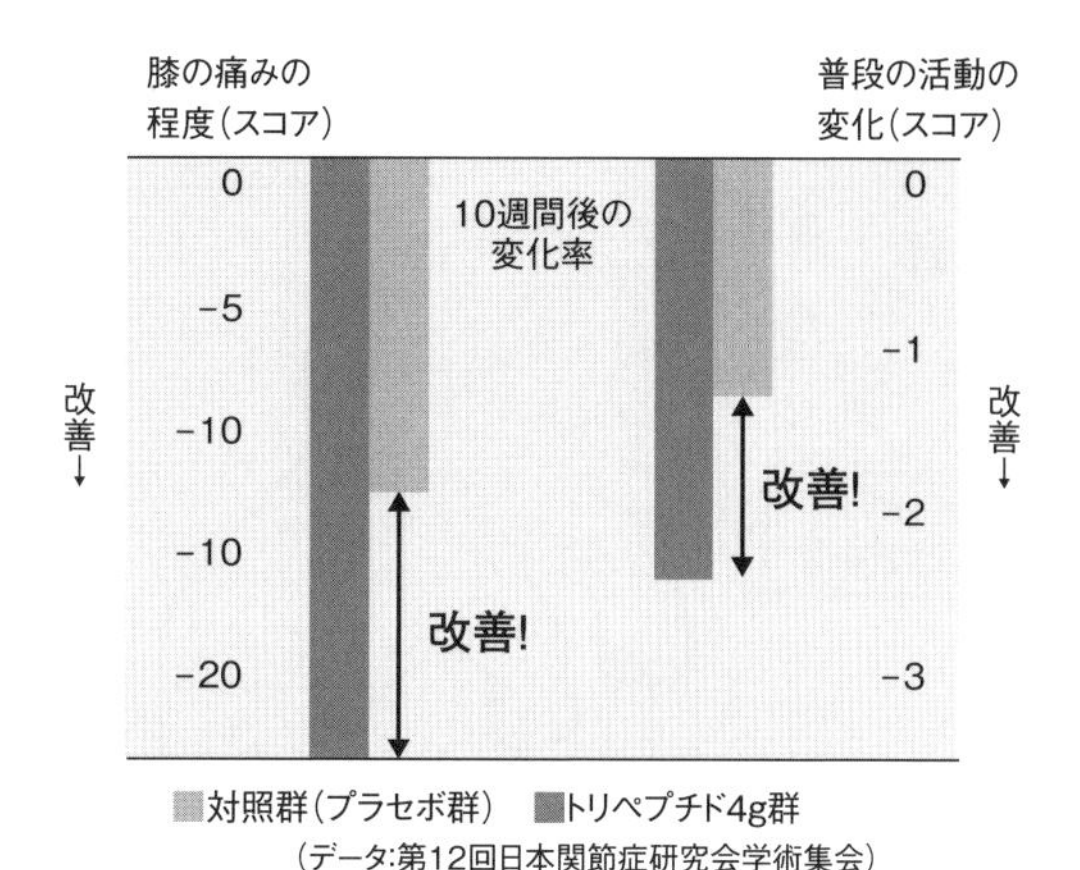

変形性膝関節症への改善効果（ヒト臨床試験）

　軟骨に負担がかかる状態にした実験動物に、コラーゲン・トリペプチドを与えて軟骨の状態を観察したところ、トリペプチド投与群は亀裂の程度がより小さくなることがわかりました（前ページのグラフ）。

　また、膝に軽度の痛みを有する方の協力を得てヒト臨床試験を行ったところ、膝の違和感の改善が認められました（上のグラフ）。

　ちなみに、人間だけでなくゾウの関節痛にも有効であることがわかっています。

　加齢による関節痛が原因と見られる異常歩行や足の衰えなどが現われていたアフリカゾウにコラーゲン・トリペプチドを半年間食べさせたところ、歩行が正常

に戻り、足の引きずりもなくなるなど、見違えるほどに元気を取り戻したのです。
もちろん副作用は一切なく、仲間を追いかけたり、遊具で遊んだりなど、積極的に動けるようになりました。

▼腱とじん帯への影響

アキレス腱などの腱やじん帯の80パーセント以上はコラーゲンです。コラーゲンの減少や老化は、腱やじん帯の弾力性や柔軟性を低下させ、ケガの原因につながります。

たとえてみれば、古くなって弾力性のなくなった輪ゴムを何本も束ねても、プチッと切れてしまって強い力に耐えられないのと似ています。

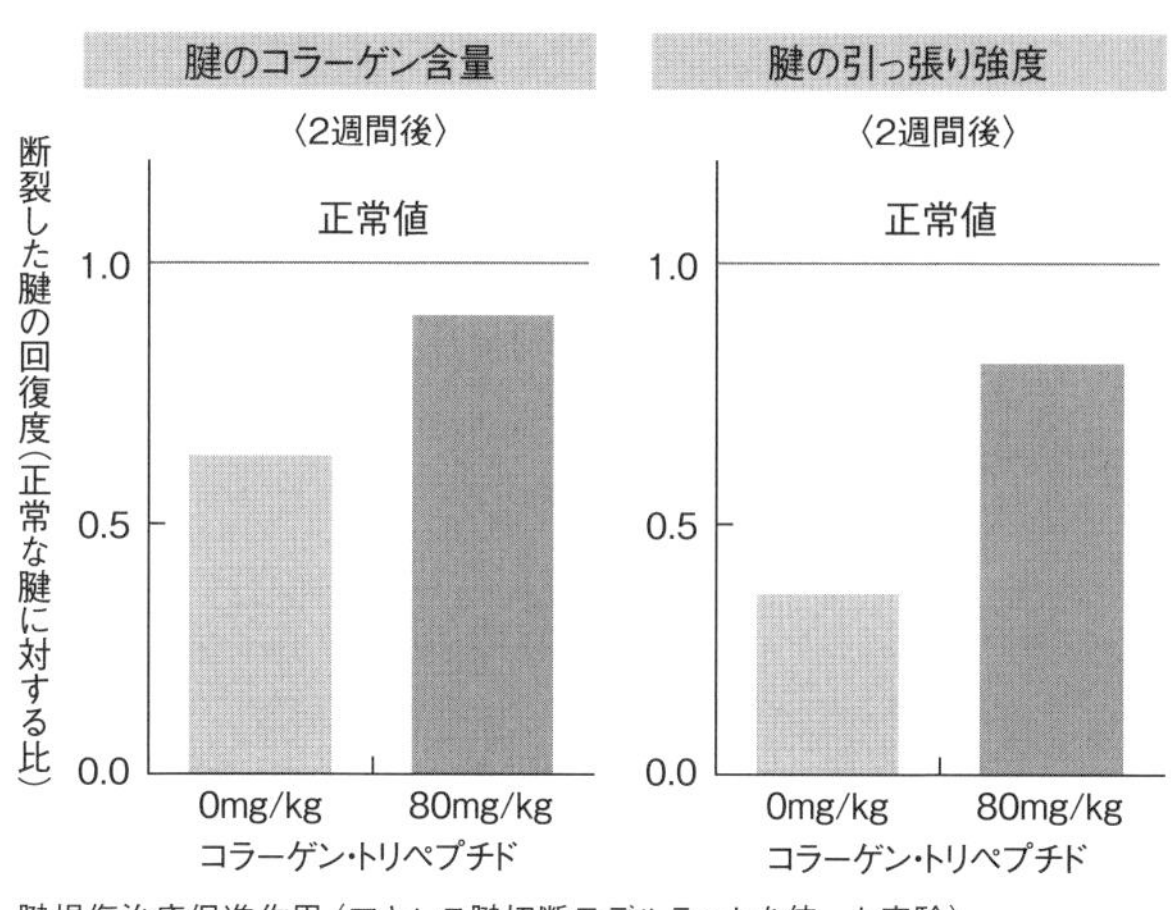

腱損傷治癒促進作用（アキレス腱切断モデルラットを使った実験）

コラーゲンも、老化によって弾力性や柔軟性を失うと、古くなった輪ゴムと同じ状態になってしまいます。これを防ぐには、コラーゲンの老化を予防し、瑞々しく丈夫な腱やじん帯を維持していくことが大切なのです。

コラーゲン・トリペプチドは、腱やじん帯の弾力性や柔軟性を保つうえ、ケガをした場合の治りを早めることも動物実験で確認されています。

▼血管への影響

コラーゲンは血管をつくる主な成分でもあるため、コラーゲン・トリペプチドを積極的に取ることで、しなやかな血管を取り戻すことができると考えられています。

年齢を重ねるとどうしても血管は硬くなり、動脈硬化を引き起こしがちになってくるものですが、健康な40代〜60代の人に6か月間コラーゲン・トリペプチドを摂取してもらったところ、動脈の硬さの指標であるＣＡＶＩ（キャビィ）が、通常よりも4年相当分巻き戻ったというデータが得られました。

また、高血圧や高脂血症など動脈硬化性の疾患を発症してしまっている人たちに6か月間コラーゲン・トリペプチドを摂取してもらったところ、血管の弾力性が改善されるまでには至らなかったものの、血圧の改善やＨＤＬコレステロール（善玉コレステロール）値の上昇、中性脂肪値の低下、空腹時血糖値の低下、血圧の低下などが見られました。ゼライスでは、このことを論文で発表しています（２０２０年）。

最近の研究では、ペプチドがアンジオテンシン変換酵素などの働きを阻害し、血圧を下げる作用があることがわかってきています。

▼スギ花粉症への影響

マウスの体内にアレルゲンを注射して人工的に花粉症をつくり、このアレルゲンを点鼻すると、くしゃみや鼻水といったアレルギー反応が出ます。

このマウスにコラーゲン・トリペプチドを食べさせて10分間に起こるアレルギー反応をカウントしたところ、明らかに症状が軽減していることがわかりました。

また、このマウスの血中のIgE（アイジーイー）抗体（アレルゲンに対して働きかけ、体を守る機能を持つ抗体。アレルギー体質の場合は血液中に大量の抗体が存在し、過剰反応してしまう）を測定したところ、コラーゲン・トリペプチドを食べさせたマウスでは数値が上昇しにくいことがわかりました。

現在、コラーゲン・トリペプチドをどう摂取したら人間にもよい影響があるのかについての研究が進められているところです。

▼歯肉への影響

歯肉はコラーゲンが豊富な組織ですが、年齢と共に炎症が起こりやすくなり、痩せて歯を支える力が衰えやすくなります。

老齢のイヌの歯に数か月間糸を巻きつけた状態で飼育すると、人為的な歯肉炎ができます。歯ぐきは赤くはれ、血管の形も悪くなり血液が停滞します。さらに、歯肉中のコラーゲンも分解して減ってしまいます。

このイヌにコラーゲン・トリペプチドを食べさせたところ、歯茎のはれが引き、血管の形態が回復して血流が改善し、歯肉中のコラーゲン量も回復しました。この結果から、ヒトの歯肉においても同じような影響が得られることが期待できます。

ゼライスでは歯肉炎への作用について特許を取得しています。

コラーゲンを研究する楽しみについて

第2章を終えるにあたり、この章の監修を担当したゼライステクニカルセンター センター長の沼田徳暁と、テクニカルセンター研究開発グループ課長である山本祥子に、コラーゲンの研究や商品開発に携わる面白さを聞きました。

まず、2人とも口をそろえて語ったのは、「研究の世界で食べていける」ことに対する感謝です。

「大学時代から手を動かす作業が好きで、その好きなことを仕事にできるのは本当にありがたいと思っています。とくに私は就職氷河期真っただ中の入社なので、その思いは大きいですね」（沼田）

ゼライスのテクニカルセンターのメンバーは、技術者だけで20名ほど。社員総数の10パーセントを超えています。それだけ研究開発に力を入れている会社だということがわかります。

現在、研究開発グループで基礎研究に携わっている山本は、日々の研究についいて、

「コラーゲンって本当に面倒なんです！」

とユーモアを交えて語ります。

「研究を深めれば深めるほど、コラーゲンは体のあちこちでよい働きをしていることがわかってきています。だから私たちも、骨を研究していたと思えば、次は肌、

そして脳と、どんどん研究のフィールドが広がっていくんですよね。そのフィールドを勉強して掘り下げていくのが、ときに大変でもあるのですが、ネタが尽きない面白さがあります」（山本）

多くの会社では、ひとつの素材を開発したら、次はまた別の素材の開発に追われるのが常なのだそう。しかし、「コラーゲン」というひとつの素材をとことん研究し尽くせる今の環境は、研究者にとって非常に興味深いといいます。

仮説を立てて、どういう実験方法でそれを立証できるかを考える。予算繰りをして、実験器具や試薬、人材を手配する。そして、基礎研究から商品開発、最終的には、製造過程にも関わっていく……。

テクニカルセンターの技術者の地道な努力によって、少しずつコラーゲンの謎が解明され、新たな商品が誕生していくのです。

※第2章参考文献・参考サイト

・『コラーゲンからコラーゲンペプチドへ』（日本ゼラチン・コラーゲン工業組合監修）

・『コラーゲン完全バイブル』（真野博／幻冬舎）

・『そうだったのか！「コラーゲン・トリペプチド」まるわかりガイド』（ゼライスリーフレット）

・ゼライス公式ウェブサイト（https://www.jellice.com）

・ゼライステクニカルセンター公式ウェブサイト（https://tripeptide.net/）

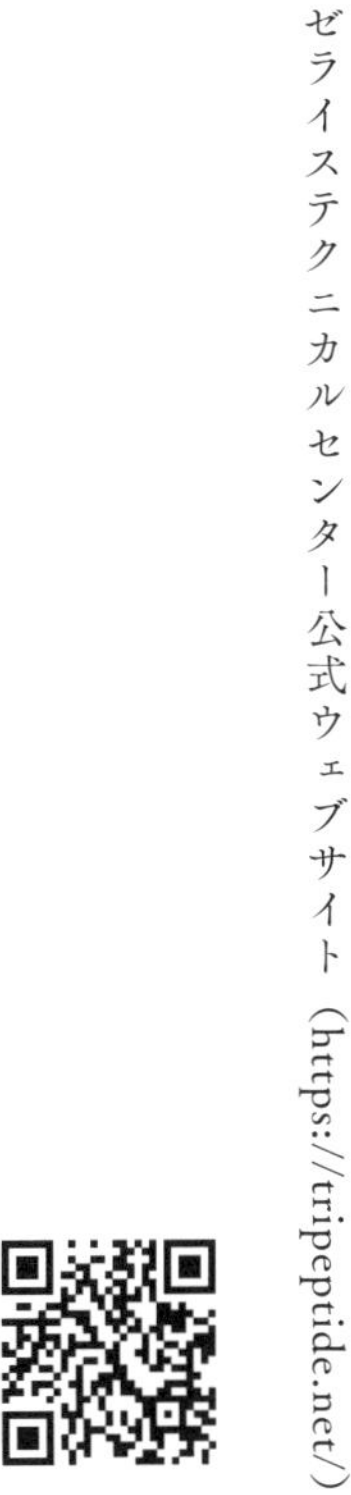

ゼラチン、コラーゲンの?に迫る②

Q　ゼラチンを大量に摂取すれば、コラーゲンペプチドを摂取するのと同じ効果がある?

A　効果がないとはいえません。ゼラチンをたくさん食べたら膝痛が治ったという報告もあります。このように、効果がまったくないわけではないのですが、吸収率が高いコラーゲン・トリペプチドと同じ程度吸収されるには、およそ現実的ではない量を摂取しなければならない計算になります。
「過ぎたるはなお、及ばざるがごとし」といいます。あまりにも大量に摂取し続けることは、体の負担にもなるためおすすめできません。

Q　コラーゲン・トリペプチドを含む化粧品を肌に塗ったら美肌になる?

A　ゼライスのトリペプチド配合化粧品には、コラーゲン・トリペプチドのほかに、分子量が大きめのコラーゲンも含まれています。
コラーゲン・トリペプチドは角質層まで浸透し、コラーゲンやヒアルロン酸を生み出す力を高めます。その一方でトリペプチド以外のコラーゲンは、皮膚表面での保湿効果を発揮します。

この2種類のコラーゲンがバランスよく配合されていることが、ゼライス独自のトリペプチド配合化粧品の特長です。

宮城の海と土地の恵みに育まれたゼライス

第3章

3章　その1
創業から太平洋戦争まで

●豊かな自然を誇る美味し国、宮城県

ゼライス株式会社のルーツは、今から117年前の明治期にまでさかのぼることができます。1905年（明治38年）、宮城県につくられた稲井善八商店が、その歴史の始まりです。

では、ゼライスに至る100年余りもの日々を見守ってきた宮城県とは、どのような風土なのでしょうか。

宮城県内は仙台平野が広がり、北上川や阿武隈川といった大河が流れ、流域には沖積平野が発達。古くから稲作が盛んに行われてきた土地です。

西は栗駒山や蔵王連峰などの美しい山々がそびえ、景勝地としても知られています。

東は太平洋に面しており、ことに三陸沖は寒流である親潮と暖流である黒潮がぶつかる、世界的にも名高い漁場です。この漁場から、マグロやカツオ、サンマといったなじみ深い魚のほか、カキやアワビといった貝類、その形から海のパイナップルと称されるホヤなどが日本各地に流通しています。

稲井善八商店の創業者、稲井善八の一族は、古くから石巻地方の稲井村に住んでいました。

現在は石巻市になっている牡鹿(おしか)半島は、太平洋に向かって伸びる約25キロメートルの半島で、海岸部の多くは三陸復興国立公園に指定。大小さまざまな入り江が点在し、「浜」と呼ばれる漁村があります。この物語の舞台となる鮎川も浜のひとつで、現在では金華山や、猫島として知られるようになった田代島などの離島への玄関口となっています。

また、石巻の渡波(わたのは)地区には、「宮城県慶長使節船ミュージアム（サン・ファン館）」があります。

江戸時代の初代仙台藩藩主である伊達政宗は、スペイン帝国との太平洋貿易を目指し、仙台領内で大型帆船「サン・ファン・バウティスタ号」を建造しました。そして1613年（慶長18年）、家臣の支倉常長を使節とする慶長遣欧使節団を、スペイン帝国とローマ法王庁へ派遣したのです。

サン・ファン館では、慶長遣欧使節団が乗船した「サン・ファン・バウティスタ号」の復元船をメインに、慶長使節の歴史や、15～17世紀の大航海時代の文化を紹介しています。

さらに仙台藩は、江戸時代末期には蝦夷地（北海道）への入植を開始。明治新政府と共同で札幌市を開拓したほか、単独で北海道伊達市などを開拓してきました。

このように歴史をひもといていくと、この地域には海との密接な関わりと共に、進取の精神に富んだ気風があったことがうかがえます。

こうした気風こそが、稲井善八商店からゼライス株式会社に至るまで脈々と受け継がれてきた新規事業に対する情熱の礎となり、世界初のクジラを原料としたゼラチンの開発や、世界的快挙である「コラーゲン・トリペプチド」の発見へとつながっていったのです。

第 3 章

宮城の海と土地の恵みに育まれたゼライス

●鮎川がクジラの町になったわけ

宮城県の牡鹿半島南端の小さな漁港、鮎川。

金華山沖に豊かな漁場があった宮城県は、もともとクジラの漁はしていませんでした。少し沖に出れば、たくさんのクジラが悠々と潮を吹いて泳いでいる姿が見られたといいます。

四国や九州、和歌山などに続き、東北地方でもクジラ漁が始まったのは、1800年代の中ごろからといわれています。

やがて鮎川は、捕鯨の基地として発展。近代的な捕鯨が始まり、県外資本の進出も盛んになって大きく栄えていったのは、日露戦争（1904〜1905年）の後のことでした。ロシアから戦後の賠償として獲得した捕鯨用のキャッチャーボートが行き交うようになったのです。

捕鯨が盛んになると、街は経済的に潤います。寒村だった鮎川は、旅館や映画館、酒場や料理店などが軒を連ねる人口1200〜1300人の町へと発展していきました。

ところが、ひとつ困った問題が発生しました。捕獲・解体後のクジラの残さいによる海洋汚染です。

毎日陸揚げされるクジラはその場で解体され、ろうそくやせっけんの原料となる鯨油が採取されます。鯨肉は四国や九州では食されていましたが、三陸地方では食用にされなかったため、当時クジラは、もっぱら油脂の原料のみに使われていました。

そのため、油脂を搾り取ったあとの残さいが大量に排出されます。この残さいは、そのまま海に捨てられていたのです。

海に捨てられた残さいは、数日もすれば腐敗して海岸に打ち上がってきます。浜辺にはイヤな臭気が立ち込め、腐敗物で埋め尽くされた磯では漁をすることができません。貝やワカメを採って暮らしを立てている漁民たちにとっては死活問題となっていきました。

大挙して捕鯨会社に押しかけてきた漁民たちは、口々に叫びました。

「クジラのカスを海に捨てるな！　これ以上捨てると、磯は使い物にならなくなる。俺たちは生活できなくなる。どうしてくれるんだ！」

●残さいの肥料化で「クジラ公害」を解決

この光景を前に考え込む男がいました。当時24歳になったばかりの稲井善八――現在のゼライスの前身である稲井善八商店を興した人物です。

石巻の稲井村に代々住んでいた稲井家は、江戸時代から長く味噌やしょうゆの醸造や塩田開発に携わっていたものの、善八が生まれたころには見る影もなく没落していました。

1901年（明治34年）、20歳になった善八は北海道から塩鮭の買いつけを始め、23歳のときに稲井善八商店を創業。海の恵みを扱う商人として頭角を現し始めたのです。

善八は考えました。

クジラという海の恵みで恩恵を得ている捕鯨が、貝やワカメなどを採って生計を立てている沿岸漁民の生活を奪うようでは本末転倒です。鮎川の本当の発展とはいえません。

「どうすればよいのだろう？」

答えは明らかでした。クジラの残さいが出ないようにすればいいのです。捕鯨会社の経営という視点から見ても、油脂だけを搾り、残りを捨ててしまうのは不合理というもの。もっと完全に利用するべきです。

でも……どうやったらいいのでしょうか？

しばらく考え続けた善八は、ひとつの活用法を思いつきました。

「残さいを肥料に変えて、農作物に利用することはできないだろうか？」

さっそく善八は、村の知人の6～7人に働きかけてクジラの残さいを使った肥料を製造し始めました。

具体的には、浜に打ち上がった残さいを拾い集め、それを煮た後に圧縮。圧縮時に出てくる液体から鯨油を取り除いたものを固形部分に戻しつつ、乾燥・粉砕したものを肥料として売り出したのです。

やがて協力者は日増しに増えていき、40～50人になっていきました。

善八は、こうしてつくった肥料を商う販路を全国の農村各地に整えていきました。残さいを使った肥料は、とくに滋賀県で好評だったといいます。

鮎川のクジラの残さい公害は、いつの間にかなくなっていきました。

●鯨缶の開発で販路を拡大、鯨肉文化の定着へ

クジラの残さいからつくる肥料が事業として成功したものの、善八はまだ満足していませんでした。

クジラから油脂と肥料をつくるだけでは、資源の完全活用とはいえません。人間は、海の幸であり、天の恵みでもあるクジラの命を奪い、利用しています。「命をいただいている」立場として、もっと無駄なく活用する方法を探さなければなりません。

当時、東洋捕鯨（のちの日本水産（株））の子会社である伊佐奈商会がクジラの缶詰（鯨肉缶詰）をつくり始め、順調に売れ行きを伸ばしていました。それを知った善八も、ここに目をつけました。

善八の長所は、思いついたらすぐにやってみるという実行力です。前時代的な手加工のやり方ではありましたが、さっそく鯨肉缶詰をつくり始めました。

その缶詰は味もよく、大変喜ばれ、大いに売れたといいます。

しかし善八は、それだけでは満足しませんでした。缶詰で売れる肉が、新鮮な

状態で売れないのはおかしいと考えたのです。

「クジラの生肉を売る方法はないものだろうか？」

当時、クジラの生肉は四国や九州、大阪の一部では食べられていましたが、全国的にはほとんど需要がありませんでした。

明治期の日本は、牛や豚を〝四つ足〟と呼び、まだ積極的に食べていなかった時代です。クジラも四つ足と同じ哺乳類なので、食用としては敬遠されていたのかもしれません。

善八は、生のクジラの肉を食用として売りたいと考えました。そのためには、クジラの生肉の消費基盤を確立し、市場を拡大していく必要があります。

そこで善八は、従来からあった鮮魚の市場ルートにクジラの肉を流通させる道を開きました。さらに、鮮魚とは別に、クジラの生肉専門の流通経路をつくり上げる努力を重ねていったのです。

どんなにいい商品でも、販路がなければ発展は望めません。

のちに世界に比類のない捕鯨国として発展した日本の捕鯨事業は、善八やその部下による地道な販路づくりの功績に負うところも大きかったといえるでしょう。

1909年（明治42年）7月、28歳になった善八に、長男善夫が生まれました。のちに二代目社長となる善夫は、1927年（昭和2年）に父の経営する稲井善八商店へ入社します。

その後、1929年（昭和4年）ごろから昭和の大恐慌が始まりました。日本経済を危機的な状況に陥れた、戦前の日本における最も深刻な金融恐慌でしたが、稲井善八商店はそれまでに築き上げた信頼でなんとか生き残ることができました。

●新工場建設で、国内鯨缶市場を席巻

1935年（昭和10年）になると捕鯨事業は年々盛んになり、前線となる捕鯨基地も北海道から千島列島へと北上していきました。それと共に、稲井善八商店も北へ北へと進出していきました。

26歳になっていた善夫は、この捕鯨基地で社員と共にクジラの解体作業を行っていました。捕鯨基地が北上するにつれて工場も移動し、そこで手加工で缶詰をつくるというのが当時のやり方だったのです。

この北の基地で、善夫は考えました。

「缶詰生産を手加工に頼っているようでは、捕鯨事業の拡大に追いつかない。今こそ機械化に着手し、缶詰の需要を一気に増やすべき時期に来ているのではないか？」

宮城県に帰ってきた善夫は、善八の許可を得てアメリカから缶詰製造設備を購入。塩釜に新工場の建設を開始します。捕鯨基地から鯨肉だけを運び、塩釜で一気に加工する方法を採用したのです。

また、新規の市場として農協に働きかけ、農村に鯨缶の販売を始めたことにより、年間消費量も急激に増加しました。

オートメーション化された缶詰製造工場を建設し、そこで一気に鯨缶をつくること、さらに、農村に向けて販路を開いたことは、当時としては非常に画期的な取り組みでした。これこそ、進取の気風を持つ宮城県人らしい行動だといえるでしょう。

善夫の英断は、鯨缶メーカーの勢力図を大きく変えました。稲井善八商店の鯨缶生産量は飛躍的に伸び、全国の捕鯨会社がどんどん鯨肉を持ち込むようになっていきました。

鯨缶の製造、および流通は、稲井善八商店の独壇場となっていったのです。

●最後まで残った「クジラの頭」の意外な使い道

1937年（昭和12年）、善夫は28歳になりました。

クジラを余すところなく利用したいという一心で、油脂を搾った残りを肥料に加工したり、肉を缶詰に加工したりといった工夫をしてきた稲井善八と善夫親子でしたが、唯一有効活用ができなかった部分があります。

それが、クジラの頭です。

食用にならないのはもちろん、肥料にしても、頭の部分が混入しているものは安物とされていました。

人間のエゴで命をいただいている以上、そのすべてを有効に活用しなければクジラに申し訳が立ちません。

「クジラの頭を生かすことはできないものだろうか？」

そう考えた善夫は、東北帝国大学（当時）の井上嘉都治（かつじ）博士の元を訪ねました。

井上博士は、当時、生化学の権威として知られていた人物です。

　善夫は、じゃま者扱いされてしまうクジラの頭をなんとか有効活用したいと考えるに至った経緯を話したうえで、さらに質問を重ねました。

「先生、クジラの頭には、肉のたんぱく質とは違うたんぱく質があると聞きました。それはいったいなんなのでしょうか？　何か利用方法はありますか？」

　井上博士は、ゆっくりと答えました。

「それは、コラーゲンタンパクだな。利用法としては、今のところゼラチンしか考えられない」

　当時、ゼラチンの製造は、牛や豚から取ったコラーゲンを原料としており、その原料の多くは海外からの輸入品でした。しかし、太平洋戦争目前のこの時期、原料の輸入はたびたび滞り、ゼラチン製造に支障をきたしていました。

　そうはいってもクジラの頭からゼラチンをつくるのは簡単なことではありません。善夫はこのあとも井上博士の研究室に通い続け、ゼラチンの抽出法を研究し続けました。

　さらに、ゼラチン製造の工業化を図るため、設備の整った大阪工業試験所を訪ね、ここでも研究を続けました。ときには応用化学の専門家に協力を求めたこともありました。

結局、工業化に至るまでの研究は、2年間にわたって続けられました。その間に成果は着々と積み上げられ、試験管の中では、真っ白なゼラチンをつくることができるようになったのです。

1940年（昭和15年）、善夫は仙台市の南小泉に宮城化学研究所を設置しました。本格的な工業化に踏み切る前に、実験を兼ねた試作をするためにつくった研究所です。

こうして工業化の一歩手前までできたとき、声をかけてきたのが商工省（現在の経済産業省の前身）でした。

「そこまで研究が進んでいるのなら、すぐにでも本格的な製造に取りかかったらどうか。必要な資材は責任を持って提供する」

当時すでに戦時体制の統制経済下に入り、建設資材も思うように手に入らない状況でした。そんな中での商工省からの申し出です。

善夫に断る理由はありませんでした。

自身の病気や愛児の死といった困難を乗り越え、工場建設を急ぐことにしたのです。

工場を建設するにあたり、善夫はきれいな水が大量に湧き出るところを探しました。ゼラチンの製造には、清浄な水がたくさん必要です。そこで見つけたのが、広瀬川の伏流水が大量に湧き出る、現在の仙台市若林区の土地でした。

クジラからゼラチンを製造する世界初の工場、宮城化学工業所は、1941年(昭和16年)10月29日に、仙台市若林区で操業を開始しました。

この宮城化学工業所が、現在のゼライスへとつながっていきます。

後日談ですが、この仙台工場の水は、1978年(昭和53年)の宮城県沖地震の際に、市内の水道が断水したときに役立てられました。水道局がタンクローリーで取水し、仙台市民に給水したのです。

現在はこの場所に東日本大震災の災害公営住宅が建っていますが、有事の際にはすぐに取水できるようになっています。

その井戸には、現在は「ゼライスの泉」の看板が設置されています。

ゼライスの泉（仙台市若林区）

●宮城化学工業所から宮城化学工業株式会社へ

宮城化学工業所操業の約1か月後、太平洋戦争が勃発します。開戦と共にゼラチンの原料の輸入は完全にストップし、それまでのゼラチン業者は総崩れとなりました。

しかし捕鯨は変わらず盛んに行われていたため、宮城化学工業所は原料に困ることはありません。国内で唯一、ゼラチンの生産を続けることができたのです。

やがて宮城化学工業所から出荷されるゼラチンには「特殊」のマークが押され、軍の指定工場になりました。

善夫は、自分がつくっているゼラチンが何に利用されているのかがわかりませんでした。どうやらロケットの隔離板や航空写真に用いられていたらしいのですが、定かではありません。

戦争は日増しに激しくなっていきました。

当初は徴兵を猶予されていた技術者たちも次々と戦場に駆り出され、ついに技術陣は善夫ひとりが残るという状態になってしまったのです。

一方、鯨肉の缶詰の製造は、戦争中は完全に停止していました。国家の政策で缶詰業者は統合され、宮城県下にも合同缶詰会社が設立されました。しかし、善夫はこれを機に缶詰生産から手を引き、この合同には参加しなかったのです。

「独立自尊の社会の先導者たれ」

これが、稲井家のポリシーです。みんなと一緒にやっても内輪もめは避けられないだろうし、利益も期待できない。それであれば、あえて孤高を守り、新たな道を行くべしというのが、稲井家の考え方でした。

こうした戦時下の特殊事情にもかかわらず、稲井善八商店を親会社とする稲井企業グループは急激な飛躍を遂げていました。約800人の従業員を擁し、鯨油や鯨肉の販売、ゼラチンの生産など、東北地方において最大規模の企業に成長していったのです。宮城化学工業所は新しい会社だったので、戦時中、本来ならばどこかに吸収合併されてもおかしくない運命でした。しかし、ほかにない技術を擁していたために別格として扱われ、株式組織に改組することで存続を許されたのです。

1944年（昭和19年）、宮城化学工業所は宮城化学工業株式会社として、再スタートを切ることとなりました。

そのころ千島列島の国後島と択捉島には、稲井善八商店によってクジラの赤肉加工や、肥料の加工、鯨肉、ゼラチンの原料を生産するための工場が設営されていました。これらの工場には、戦争で殺気立っている内地に比べると、どこか浮世離れした雰囲気が漂っていたといいます。

そんな千島列島でも敗色が濃くなっていきました。チャーターした船で製品を運ぼうとすると、海軍が、

「今、行くのは危険だ。船隊を組んで護衛するから待て」

と言うのです。

ところがこの言葉はいつまで待っても実現されません。やがてしびれを切らした従業員だけが、駆逐艦で引き揚げてきました。

ほどなくして、終戦のときを迎えました。

1945年（昭和20年）のことです。

国後島や択捉島の倉庫に入りきらず、外にまで山積みされていた商品は、進駐してきたソ連軍が持ち去っていきました。

東北地方において最も外地資産が大きいといわれていた稲井グループは、敗戦によって膨大な損失を被ったのです。

3章　その2
戦後の成長と発展の軌跡

●日本初、パウダー状ゼラチン「ゼライス」の発売

終戦の年、善八は64歳でした。

生涯をかけてつくり上げてきたものが一気に瓦解するのを目の当たりにして、善八は気力を失ってしまったのかもしれません。戦後は石巻の自宅で隠居生活を送り始めました。

一方、長男の善夫は36歳、働き盛りです。宮城化学工業の工場で働く一方で、稲井善八商店の再建にも着手しました。

戦地からは、かつての従業員が次々に戻ってきていました。原料も十分に保管してあり、いつでもフル操業に入れる状態です。

問題は、得意先でした。

戦後すぐは、食料品や衣料品、住宅が飛ぶように売れた時代でした。しかし、ゼラチンは生活必需品ではありません。かつての得意先である軍部も、もうないのです。

ところが、この心配は長くは続きませんでした。なぜなら、ゼラチンの用途は想像以上に広かったからです。

たとえば、ゼラチンはマッチにも利用されています。発火防止剤として使われる反面、一定の摩擦で発火させる助長剤としての役割も持っていました。

またゼラチンは、その凝固性を利用して錠剤の固形化にも使われています。写真工業に欠かせない物質でもあり、印画紙の感光材にもゼラチンが用いられています。

さらに、食品の分野においても、クジラのゼラチンは重宝されました。牛から取ったたんぱく質で製造したゼラチンを使うと、脂肪分に由来するやや黒みを帯びた茶色い色がつき、あとで脱色する必要があります。しかし、クジラ由来のゼラチンにはこの欠点がありません。

当時の宮城化学工業では、マッコウクジラの脳油を包んでいる脂肪分の少ない膜を使ってゼラチンをつくっていました。この膜はきれいな白色で、コラーゲンが非常に豊富だったのです。

こうしたさまざまな特性によって、ゼラチンの需要は徐々に回復していきました。

宮城化学工業の屋台骨を支える食用ゼラチンパウダー「ゼライス」が完成したのは、１９５３年（昭和28年）のことです。

当初生産されていたのは、板状のゼラチンでした。その後、ロータリー式バッチタイプのドライヤーが入ってからは、板状のゼラチンをそのまま乾燥させるのではなく、細かく切断してから乾かすことで、粒状のゼラチンが製造されるようになっていきます。1953年当時は、この粒状のゼラチンが主流となっていきました。

粒状のゼラチンは、板状のものに比べて調理に必要な使用量を自由にコントロールしやすく、利用しやすいという利点があります。一方で、ゼラチン液をつくる前にあらかじめ水を含ませる作業が必要で、この作業を怠るとゼラチンの粒が溶け残り、見栄えや食感が悪くなるといったデメリットもありました。

それを一気に解決したのが、宮城化学工業が日本で初めて開発した、パウダー状のゼラチン「ゼライス」です。小分けに包装されているため使い勝手がよく、溶け残りも生じにくいということで、一気に普及しました。

当初は、ホテルやレストランの料理や製菓用、アイスクリーム用として広く使われていきました。やがて、冷蔵庫の普及や食の西洋化に伴って一般家庭にも需要が広がり、いつの間にか「ゼライス」は、食用ゼラチンの代名詞となっていったのです。

●稲井グループの大転換、事業の選択と集中

戦後から稲井グループの二代目社長を担っていた善夫は、1980年（昭和55年）に逝去しました。三代目を引き継いだのが、善夫の長男である善孝です。

善孝は、1958年（昭和33年）に旧三井財閥系の商社である（株）東食に就職して対米向け缶詰の輸出に携わり、世界最先端の情報に触れてきました。宮城に戻ってきたのは、1963年（昭和38年）のことです。

グローバルスタンダードの経営を身につけてきた善孝は、善夫の死後から間もなくして、思い切った策に出ます。経営の健全化を目指し、事業の選択と集中を図っていったのです。

宮城化学工業においても事業の見直しが行われました。不採算事業からは潔く撤退し、写真用ゼラチンなどの高収益製品の販売に力を注いでいくことで、経営のスリム化を実現していきました。この改革は、二代目まで拡大の一途をたどってきた稲井グループにとって、大きな転換点となりました。

その一方で、1980年代中盤（昭和60年ごろ）には商業捕鯨が中止に追い込まれ、創業以来続けてきたクジラ由来の製造法を大きく見直さざるを得ないこと

になりました。

のちのことになりますが、1986年（昭和61年）にイギリスから始まった狂牛病（BSE）騒動により、牛由来ゼラチンも敬遠されるようになっていきます。豚由来のゼラチンが広く求められるようになる中、宮城化学工業でも豚由来コラーゲンの開発に注力するなど、さまざまな研究開発を重点的に推し進めていきます。

こういった進取の姿勢が、のちの基幹製品となるコラーゲン・トリペプチドの開発へとつながっていくのです。

また、善孝は日本国内での製造には早くから限界を感じており、海外進出に着目しました。まず、インド有数の企業集団を経営するアンナマライ家のパイオニア・アジアグループと提携をしました。パイオニア・アジアグループとは1980年（昭和55年）に合弁会社を設立し、その後関係をさらに強化。2007年（平成19年）にはインドでのゼラチン生産を開始したのです。

●コラーゲン・トリペプチドの発見

この善孝の代に整えられ、今なおゼライスの飛躍を支えている大きな力のひとつとして、ゼライス中央研究所（現テクニカルセンター）が挙げられます。この研究所の歩みは、研究所所長の酒井康夫の入社により始まりました。

酒井は東北大学大学院薬学研究科の特別研究員として最新のステロイド内分泌学や免疫分析化学を修得したのち、大手製薬会社で血栓やアレルギーの専門家として研究に当たっていました。1993年（平成5年）、父親の病気の関係で東京から仙台に戻らなければならなくなった際に、紹介を受けてゼライスに入社。ゼライスにて自らの研究を発展させていくことになります。

やがて1997年（平成9年）、酒井は低アレルギー性製剤用ゼラチン「フリアラジン®」を開発します。第2章でも紹介しましたが、当時、予防接種によって副作用やアレルギーが起こる原因のひとつとして、注射用製剤に使われるゼラチンが疑われていました。そこで、アレルギーが出ない注射用ゼラチンの研究が進められ、商品化したのがフリアラジン®です。

ちなみに、このフリアラジン®という名称は、その最大の特長であるFree of

Allergy（アレルギーフリー）とGelatin（ゼラチン）を組み合わせてつくられた造語です。英語の語感的にも耳なじみがよく、『アラジンと魔法のランプ』の主人公であるアラジンのイメージとも重なるということで、酒井もお気に入りの名称でした。

このフリアラジン®は特許を取得するなど社会的意義も大きく、宮城化学工業も大きな期待を寄せていました。しかし、医療現場でゼラチンを使った注射用製剤が使われなくなっていったため、フリアラジン®そのものが大きな売り上げにつながることはありませんでした。

ところが、この開発過程で酒井はとてつもない成果を得ることとなります。現在のゼライスの主力製品、コラーゲン・トリペプチドの元となる物質を発見したのです。

ほどなくして、このトリペプチドは、生体内のさまざまな臓器や組織の中でも非常に重要な働きをしているコラーゲン分子の最小単位（ユニット）であることがわかりました。しかし、このトリペプチドが何に効くのか、どのように効くのかは、どの学術論文にも記載されていません。

そこで酒井は善孝たち経営陣と何度も相談し、研究調査や細胞試験、動物実験を繰り返しながら、徹底的にデータを積み重ねていきました。

やがてヒト臨床試験へ到達するまでの過程において、酒井は「未来につながるとんでもないものを発見したという高揚感に包まれた」と振り返ります。

コラーゲン・トリペプチドについての詳細は、第2章に示した通りです。

1999年（平成11年）9月、ついに酒井と研究スタッフは、化粧品用コラーゲン・トリペプチドの製品化に成功しました。皮膚に素早く浸透し、保水作用を持つヒアルロン酸をつくり出すという画期的な製品です。

健康食品分野においても、のちに韓国の最大手化粧品メーカーと提携し、韓国市場にも打って出ました。この製品は韓国で特定保健用食品の認証を受けるなど注目を集め、台湾やタイにも輸出されています。

現在コラーゲン・トリペプチドは、大手の製薬会社や化粧品会社、健康食品のメーカーなど、150を超える企業と取引を持つまでになっています。また、提携企業が決まり、実用化を待つばかりのものもいくつもあります。

●台湾、インド、中国、ヨーロッパ……ゼライスは海外へ

三代目である稲井善孝の長男、謙一（現社長）は、1964年（昭和39年）に誕生しました。東京ガスで働いていた謙一は、1991年（平成3年）、善孝が一時的に体調を崩したのを契機に、宮城に戻ってきました。

1997年（平成9年）、謙一と現常務取締役の小林隆は、共にヨーロッパ写真学会に出席し、フランスにある世界最大のゼラチンメーカー、ルスロの工場を見学します。

その夜の宴席で、謙一はルスロの担当者に、どのくらいの製造原価でゼラチンをつくっているかを質問しました。すると先方の担当者は、なんのことはないといった表情で、かなり安い製造原価であることを明かしてくれたのです。

ゼラチンは国内産業保護の目的で、海外からの輸入品に17パーセントの関税がかけられています。しかし、この輸入関税を以てしても、ルスロなどの海外勢が本格的に日本に乗り込んできたとしたら勝ち目はありません。

謙一たちは、帰国後早々に製造原価を下げるための海外進出を検討し始めました。

この海外戦略で謙一と共に尽力したのが、国際部長の山田孝です。

海外進出にあたり、2人が着目したのは、台湾でした。

まず、インドのパイオニア・ミヤギ・ケミカルズ・プライベート・リミテッド(現パイオニア・ゼライス・インディア・プライベート・リミテッド)と共同で、2006年(平成18年)台湾の大手企業、台湾セメントの化学製品部門であるゼラチン製造部門を買収。これが現在の台湾ゼライスです。

台湾ゼライスを手に入れたことで、ようやく製造コストの面でヨーロッパに太刀打ちできるようになりました。その後、東日本大震災翌年の2012年(平成24年)8月には、台湾工場にコラーゲンペプチドの新工場をつくるに至っています。

現在、この台湾ゼライスが世界戦略の中核になっているといっても過言ではありません。ゼライス全工場の中でも、とくに省エネや生産性、コスト削減に優れ、台湾の経済産業部(日本の経済産業省)からは2009年と2014年の2度にわたり「省エネ成績優秀傑出賞」を受賞しています。

これに加え、中国の山東省では大手家具・レザーメーカーの宝恩グループと淄博（しはく）ゼライス工場（ゼライスチャイナ）を設立。現在ではゼライスグループの10分の1を生産しています。

さらに目をつけたのが、ヨーロッパでした。

ヨーロッパにおいては、2009年（平成21年）、オランダの中堅ゼラチンメーカーECONTIS（エコンティス）社を買収し、ゼライスヨーロッパとしました。この買収により、ヨーロッパ市場でのゼライスの認知度が上がると共に、価格競争面でもヨーロッパ勢にとっての脅威となるに至りました。

その後2012年（平成24年）4月に、ゼライスとルスロ社は、バルクゼラチン、コラーゲンペプチドの販売会社を共同で設立。これはECONTIS社の買収成功が遠因となっているといえます。

世界ナンバーワンのゼラチンメーカーであるルスロ社とゼライスの販売提携は、日本のゼラチン市場にも衝撃を与えました。

これらの海外進出により、ゼライスの世界生産量は1万2000トンを超えるようになりました（2019年現在）。ゼライスは、世界第6位のゼラチンメーカーへと成長したのです。

振り返れば、2011年（平成23年）の東日本大震災の際には、すでにゼラチン製造の前工程を海外に移転していたことが功を奏しました。もし国内だけで賄っていたとしたら、製造再開までにどれだけの時間がかかったでしょうか。

ここでは買収の成功例だけを挙げましたが、その裏には条件交渉に折り合えなかった事例や、ライバル社に競り負けた事例もあります。それでも一気に海外展開を進めていったからこそ、震災後のグループ全体を救うことができたのです。

●ゼライス株式会社のスタートと、新工場の建設

1980年から2009年におよぶ海外進出の傍らで進めていたのは、国内工場の移転計画です。

世界最大のゼラチンメーカー、ルスロのフランス工場を視察した謙一は、その規模の大きさや最新のシステムなどを脳裏に深く焼きつけていました。ルスロのような規模とシステムを備えた工場をつくりたいというのが、謙一の夢でもあったのです。

ゼライスの旧仙台工場（若林工場）は、仙台駅から直線で4キロ程度の仙台市若林区に位置していました。仙台駅からは距離がありましたが、都市計画で住居専用地域と区割りされたため、居住者の増加と共に周辺住民に対して気配りを必要とする機会が増加してきました。工場の排気や排水、騒音などの問題で、近隣からのクレームに対処しなければならない状況が続いていたのです。

また、若林工場の敷地面積は約4万3900平方メートル（1万3300坪）ありましたが、コラーゲン工場や付帯設備を新設するゆとりはありませんでした。すでにこの地での工場の操業は、限界に達していたのです。

工場移転の一大プロジェクトは、謙一が副社長に就任した2003年（平成15年）からスタートしました。隣接する多賀城市の工業団地の一角に土地を確保し、新工場建設を遂行していったのです。

多賀城の工業団地は近隣住民の住居エリアと明確に区分されていることや、仙台港が近く、以前よりも物流面の利便性がよいなどのメリットがあります。敷地面積は約5万5300平方メートル（1万6700坪）と、若林工場よりも20パーセントほど広くなり、コラーゲン工場の新設も同時に進めていきました。

この新しい仙台港工場のゼラチンラインは、海外工場から来たゼラチンを国内で最終製品に加工して仕上げるプロセス、および製品の自動倉庫管理に特化しています。

海外進出コンセプトのひとつに、ゼラチン製造工程を分割し、原料からゼラチンを得る製造のライン（いわゆる水仕事部分）は海外にて行うというものがありました。この効率的、かつ合理的な工程を実現することで、産業廃棄物を極小レベルに抑え込んだ最新鋭の工場を実現させることに成功しただけではなく、若林工場時代には必要不可欠だった膨大な公害対策費用を消滅させることもできたのです。

ちなみに2003年は、「ゼライス」の発売開始50周年を迎え、社名を宮城化学工業株式会社から、ゼライス株式会社に変更した年でもあります。

2003年から始まった工場移転のプロジェクトは、2009年には大方が終了しました。

すべてが順調に思えたそんな折に迎えたのが、東北の景色を一変させた2011年3月11日だったのです。

ゼラチン、コラーゲンの？に迫る③

Q　子どももコラーゲンを取っていい?

A　コラーゲンはたんぱく質の一種ですので、問題はありません。むしろ、成長期のお子様はたんぱく質の必要量も多いため、摂取をおすすめします。
摂取量の目安としては、体重10キログラムに対して1日あたり0.5〜1グラムが適切です。

Q　何歳になってからでもコラーゲンの効果は出る?

A　はい、何歳でもご安心ください。むしろ年を重ねることによって、膝が痛い、肌が衰えてきたといった具体的なお悩みを感じている人のほうが、効果を実感いただきやすいようです。
ゼライスの商品はリピーターがとても多いのが特徴です。たとえば、通信販売で取り扱いしているコラーゲン・トリペプチド関連商品である機能性表示食品「摩擦音ケアにひざ年齢」の場合、平均3割のお客様がリピートをしてくださっています。これこそがコラーゲン・トリペプチドに効果があると実感されているお客様が多いゆえんです。

人に支えられて
ゼライスの
「今」がある

第4章

ゼライスを語るうえで欠かすことができない、東日本大震災。

第4章では、震災当日から震災後の復興に至るまで、社長の稲井謙一の手記と、当時を知る社員やOBの証言を交えながら振り返っていきます。

2011年

●3月11日（金）　東日本大震災発生

忘れもしない、14時46分。

「おや、地震かな？　うん？　強いぞ」

最初はそんな感じでした。

稲井謙一は、その瞬間、ゼライスの社長室にいました。揺れが収まるまで室内の書棚を、最初はひとつ、やがて2つ、背骨が折れるかと思うほどの力で支えました。

天井が一部剥がれ落ち、周囲では悲鳴が聞こえてきます。

建物が崩壊するかと思うほどの揺れにより、社長室にあった机やテーブルは、すべて1メートルほど移動しました。

本震が収まったのち、謙一は、ざっと社長室を片づけてから部屋を出ました。

隣の（株）稲井の事務所は、棚から机までひどく散乱し、ガラスの破片も飛び散っています。社員の姿はどこにも見えません。

塩釜ガス（株）ならびに宮城ケーブルテレビ（株）の社長でもある謙一は、携帯電話で塩釜ガス常務の坂本久に連絡をしながら階段を下り、外に出ました。外には社員たちがちらほらと集まり始めています。

坂本からは、すでにガス漏れの通報が数件来ており、塩釜の御釜神社前ではガスが噴き出しているという報告がありました。

宮城ケーブルテレビは、3階の送信局（ヘッドエンド設備）は無事とのこと。ただし停電によりサービスは休止しているという情報を受けました。

15時過ぎ、事務所前の駐車場にゼライスの幹部が集まってきました。社員を早く帰宅させるべきではないかという提案もありましたが、専務の八木智が、

「もうすこし様子を見ましょう」

と言い、そのまましばらく社内で待機することになりました。

もしもこのときに早々の帰宅を指示していたら、どれほどの犠牲が発生してしまったことでしょう。

現に、社員全員をすぐさま帰宅させたことによって悲しい結果を生んだ企業が周辺に多く存在することが、後になってわかりました。

そうこうしているうちに、社員が続々と集まってきました。

当時の様子を、総務部長の岸克也（当時財務課長）はこう振り返ります。

「その日はたまたま、私たち事務方の人間も工場に入っていました。そのとき、誰かの携帯電話が緊急地震速報のけたたましい音を発しました。当時はまだ、ほとんどの人がその音を聞いたことがなく、『何事か？』と思ったのと同時に大揺

れがやってきたんです。ここにいては危ないと、すぐに外に出ました」

とくに研究所や検査分析センターのあたりの揺れは激しく、「1階と2階が分離するんじゃないか」と思うほど揺れたといいます。

揺れのさなかに外に飛び出したものの、立っていられずにしゃがみこんだまま揺れが収まるのを待った社員もいました。


「工場はラックが曲がり、製造ラインがガタガタになっています。まだ具体的な被害状況はわかりません！」

「ロッカーが倒れ、パソコンが床に散乱しています！」


こういった報告を聞いたものの、楽観的な性格からか、地震による被害はなんとかなると判断した謙一は、地域のインフラを担う塩釜ガスのほうに頭を切り替えました。そして、15時半過ぎ、たまたま来社していた東京からのお客様と共に、塩釜ガスへと向かうことにしたのです。

自動車で会社を出ましたが、すでに目の前の道路は渋滞しています。50メートル進むだけなのに5分以上かかるありさまです。

やっとT字路の交差点に差しかかったとき、謙一は運命を二分する判断を下しました。

――このまま産業道路を通って塩釜に向かったら、何時間かかるかわからない。迂回(うかい)したほうが早いな――

交差点をUターンし、ゼライスの前を再び通って東邦アセチレン（株）の前を通過、砂押川沿いを通って塩釜の笠神地区に出るルートを選択したのです。

当時多賀城市の防災無線は故障しており、道中、津波のことは謙一の頭をかすめもしませんでした。結局、謙一が会社を出てから約10分後、Uターンをして会社の前を再び通った約5分後に、2メートル30センチの津波が周辺を襲ったのです。砂押川も、車で通過した数分後に2か所が大きく決壊し、周辺に甚大な被害を与えました。

今考えると、砂押川沿いを運転していたとき、バックミラーに背後の津波が見えていたはずだと想像できます。しかし当時の謙一は、津波の可能性を考えることすらありませんでした。

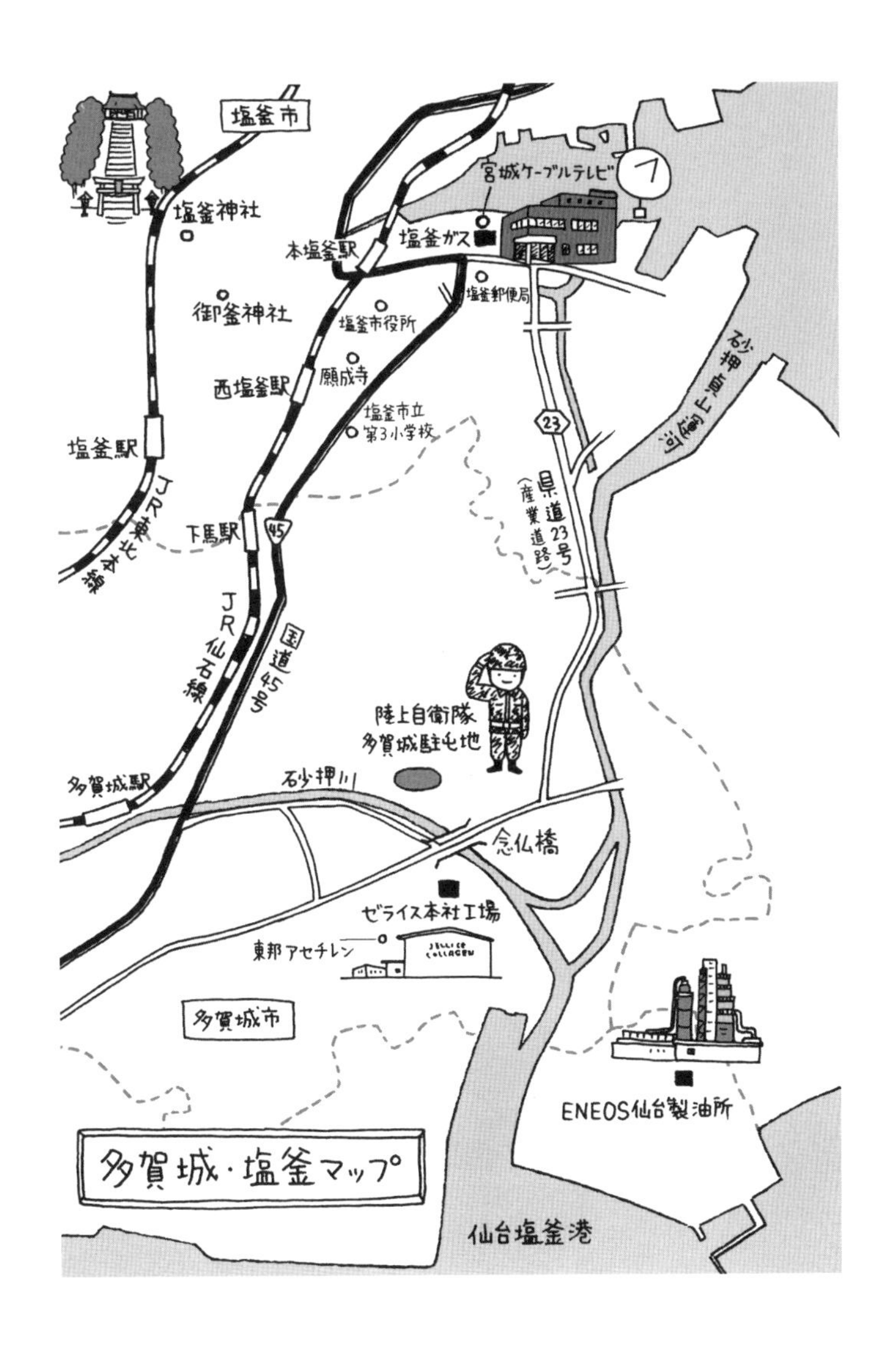

第 4 章
人に支えられてゼライスの「今」がある

砂押川を渡ってから笠神地区を通り、塩釜花立地区の国道45号線に出るまでは実に順調でした。

塩釜市立第三小学校の前を過ぎたあたりで、前方が冠水しているのが見えました。謙一は水道管でも破裂したのだろうと思ったのですが、市役所の前あたりに出たとたん、

「津波だ！　逃げろ！」

という声が聞こえたのです。

このあたりに来て、ようやく防災無線の音もはっきりと聞こえ出しました。前を走る車が願成寺に上がっていくのが見え、迷わず謙一も、そちらに避難しました。

謙一が願成寺の境内に到着した16時10分過ぎごろから、NHKニュースで釜石に10メートルの津波が襲来したなどの情報が流れ始めました。

このころ、ゼライスはどのような状況になっていたのでしょうか？

防災無線が機能していなかった当時、社員たちが津波発生を知ったのは運送会社の人の言葉からでした。ラジオの津波情報を耳にしたその運転手さんは、わざ

わざ引き返してきて情報を知らせてくれたのです。

「津波が来る！　早く逃げろ！」

屋外に集まっていた社員は、いったん全員が屋上に避難。雪が降っていて寒い日だったと、ロジスティックスセンター副センター長（現ＯＢ会会長）の牛澤利彦は振り返ります。

「正直、最初は津波なんて来るわけないだろうと思っていたんです。これまで一度も経験がありませんでしたから。でも、ジワジワと水位が上がっていき、自分たちが乗ってきた車が流されていくのを、ただぼう然と眺めるしかありませんでした」

携帯電話で家族に連絡を取りたくても、ほぼつながりません。

購買グループの渡部正弘は、「携帯電話のバッテリーが空になったのは、この震災の日が初めてだった」と言います。

「子どもや親がどうしているのか、無事だったのかを確認したくても連絡を取る術がなく、バッテリーだけがどんどん減っていきました。その状態を見ているしかなかったことが一番つらかったですね」

謙一もまた、ゼライスや塩釜ガスの幹部と連絡を取りたくても取れない状況にやきもきしていました。一刻も早く塩釜ガスに駆けつけなければと思いつつも、まったく水が引かない状況に気だけが焦るばかりです。

なんとか裏道を通り、家族が避難していた塩釜市立第三小学校までたどり着いた謙一でしたが、その先の塩釜ガスへのアクセスは絶望的でした。国道45号線はもちろん、あらゆるルートを試みたものの、すべてがひどい冠水に阻まれていたのです。

——もう少し水が引いてから、再挑戦しよう——

ひとまず謙一は、避難所となっていた小学校の体育館に引き返しました。

その夜、石油タンクの爆発する音が聞こえ出しました。最初のNHKのニュースでは、多賀城の東邦アセチレンのタンクが爆発したとの一報。すぐに塩釜の石油基地のガスタンクの爆発と訂正が入りましたが、いずれも誤報です。

しかし、謙一のすぐそばに座ってこのニュースを聞いた人は、塩釜ガスが爆発したと解釈し、ほかの人に話していました。こういうことがあったからか、震災後しばらく、「塩釜ガスはもうダメだ」などというデマが広まってしまったのです。

この爆発は、ゼライスの脇を流れる砂押川を隔てて隣のJX日鉱日石エネルギー（株）（現ENEOS（株）仙台製油所）の石油タンクのものでした。そして、まもなくまた1基が爆発したのです。

タンクが爆発し始めたころ、ゼライスの社員たちは2階の会議室に退避していました。夕方になって増水が止まったのを見計らい、やっと無事だった2階の室内に戻ったのです。

退避していたのは全部で50名ぐらいだったでしょうか。常務の小林隆がたまたま持っていたラジオで情報を取りながら、肩を寄せ合っていました。

やがて、タンクの爆発に伴い、大きな爆音や振動がゼライスを襲いました。それも1度ではありません。何度も何度も爆発が続いたのです。

通信販売グループ（当時ゼラチングループ）の渡部福美江は、

「私は夫（購買グループの渡部正弘）と共働きなので、ぼんやりと『ここで2人一緒に死んでしまったら、子どもたちはどうなるんだろう？』と考えていました。怖いというよりも、ぼうぜんとしていたというのが正直なところです」

と、当時の心境を話します。夫の正弘も、

「怖いという感情とは少し違っていたように感じる」

と振り返ります。

「起こっていることがあまりにも非現実すぎて、私も不思議と死が怖いという感情はなかったですね。それよりも、家族はどうしているのかと、そのほうが心配でした。私の両親は海沿いに住んでいたものですから」

ゼライスの1階を覆い尽くしている水は、がれきと共に油も含んでいるようで、独特の油臭さを放っていました。

――爆発の火が燃え移ったら、ここはどうなるんだろう?――

口には出さずとも、皆が一様に不安に感じていたことでした。

震災当日、長い1日を過ごしたのは多賀城の本社社員だけではありません。地震が起きた当初、東京営業所課長の西村成人は、取引先に出かける瞬間でした。

「『行ってきます』と言ったと同時に大揺れが起こりました。自分のパソコンを押さえるのが精一杯で、周囲の書類やパソコンがバラバラと床に散らばったことをよく覚えています」

最初はどこが震源の地震なのかわからず、

「いやあ、大きな地震だったね」

などと言い合っていたぐらいでしたが、三陸沖が震源で東北が被災しているとわかってきたころから、状況が変わってきました。

「得意先から、『大丈夫なのか、荷物は届くのか』などといった問い合わせの電話が次から次へと鳴り続きました。その一方で、本社にはまったく連絡が取れず、個人の携帯電話に連絡してもつながりません。そのうちテレビでは大津波に飲まれる町の映像が次々と映し出され、正直『本社もダメなのではないか？』と思いました」

その日の夜20時ごろ、たった一度だけ、奇跡的に品質管理部部長の丹野清志（当時品質管理部課長）に電話がつながりました。とりあえず社屋は残っていること、社員も無事だということだけは確認できましたが、それ以上の状況はまったくわかりませんでした。

当時、静岡の取引先から帰宅途中だった東京営業所所長の伊藤信明は、大渋滞に巻き込まれた車の中で焦りを募らせていました。

「何しろ本社の人とは連絡が取れないし、本社がどうなっているのかもわからない。遠く離れた静岡、神奈川、東京でさえ、ひどい交通障害が起こっている状況です。東北はどうなっているんだろうと思うと、不安でたまりませんでした」

揺れは、遠く離れた大阪でも感じられました。

大阪営業所課長の中橋優は、取引先を出て外を歩いているときに揺れを感じたといいます。

「これまで感じたことのない長い周期の横揺れで、気持ち悪いな、どうしたんだろうと思いました」

やがて事務所から連絡を受け、東北で大きな地震があったようだと知ります。

「震源地から大阪までの距離を考えて、絶望的な気分になったことを今でもはっきりと覚えています。東北が震源の地震で、大阪がここまで揺れるということは、もしかしたらもうダメなのではないかと……」

中橋は、阪神・淡路大震災を経験しています。だからこそ、事の重大さが直感的に理解できました。すぐに本社に連絡を取ろうと試みましたが、何度電話をしても、誰ともつながることができません。不安は募るばかりでした。

●3月12日（土）　避難先の多賀城駐屯地から各自帰宅

翌日、一晩をゼライス本社2階で明かした社員たちは、自衛隊の誘導を受けて多賀城駐屯地に避難しました。

「とにかく、外に出ることができてホッとしました。ただ、道路はまだ冠水しているし、車もありません。電気も水道も絶たれている中、日があるうちに自分はどうするか――避難所に向かうのか家に帰るのかを決めなければなりませんでした」（牛澤）

さて、塩釜市立第三小学校の体育館で一夜を過ごした謙一は、このころどうしていたのでしょうか？

謙一は、夜明けを待たずして、何度も冠水の様子を確かめに行きました。しかし、状況はたいして変わりません。

空が明るくなると同時に、願成寺と塩釜神社の裏道を通れば市内に行けるという情報が入ると、家族や東京のお客様、近所のご家族と歩いて自宅を目指しました。

東園寺を過ぎてJR本塩釜駅前あたりは、変わり果てた姿になっていました。地面はヘドロに覆われ、なんともいえない悪臭が立ち込めています。

路上には数多くの車が止まったままになっており、近所の人の車は電信柱に立てかかっていました。

謙一の家は車庫のシャッターが津波の力で大きくへこみ、車庫内はヘドロだらけ、庭も一面ヘドロで覆われていました。家の中も、津波によって数センチ浸水したようです。

会長であり父である善孝の家も津波に飲み込まれるところでしたが、門扉のスリットが水圧を緩和して時間を稼ぎ、その前に大型のマイクロバスが流れ着いたことで、津波の直撃を防いでくれたようでした。

塩釜にある宮城ケーブルテレビは、1階が津波で壊滅していました。幸い設備そのものは無事で、停電さえ解消されればサービスが再開できるということでした。

宮城ケーブルテレビから徒歩5分程度の距離にある塩釜ガスに向かう途中、国道45号線の交差点は冠水したままでした。この水が完全に引いたのは、震災から2週間後のことです。

塩釜郵便局の前を通るルートも冠水がひどく、車やがれきが散乱していて、とても人が通れる状況ではありません。


なんとか塩釜ガスに到着した謙一は、自家発電が設置され、さっそく復旧に向けて社員の士気も高まっている様子を目にしました。さすがは地域のインフラを担う企業、日ごろの訓練の成果です。廊下や階段にはヘドロからの病原菌の感染を防ぐため、段ボールで養生が施されていました。

幸いなことに津波は社屋までは押し寄せず、日ごろ懇意にしている菅原産業(株)のスタッフが重機を動かし、敷地内のヘドロの片づけに取りかかってくれていました。

心配されたガスタンクも異常はなく、社用車も津波がタイヤの半分ぐらいかかった程度とのこと。安全のためにガスは止めざるを得ませんでしたが、社員全員がやるべきことを心得て行動していました。

状況を確認し、ホッと一安心した謙一は、いよいよゼライスに向かうことにしました。

昨日、迂回しなければ通るはずだった県道23号仙台塩釜線（通称 産業道路）は、あちこちに車が止まったままでした。中には、動かぬ人が乗ったままの車もあります。道には何艘（そう）もの船が打ち上げられ、がれきからは遺体らしきものが見え隠れしていました。

砂押川にかかる念仏橋に差しかかったところでは、警察による道路封鎖が行われていました。JX日鉱日石エネルギーの火災のため、半径5キロメートル以内は立ち入り禁止区域となっていたのです。この状況は3月15日まで続きました。

さて、ゼライスはどうなっていたのでしょうか？

外観だけを見るとさほど被害はないように見えましたが、念仏橋を渡って最初の交差点を左折したあたりから、周辺の様相は一変していました。

フェンスはすべて崩壊し、防火壁は下部2メートルぐらいがなくなっていました。敷地内は約100台の車やゼライスの商品の数々、JX日鉱日石エネルギーから流れてきたドラム缶（最終的に230本程度）があちこちに散乱し、ヘドロの悪臭と製油所の油の匂いが混じり合っています。

工場も、ほとんどの建物が津波でやられていました。

ゼラチン工場は比較的浸水が浅くすみましたが、研究所や検査分析センターは、建物や設備ともども、すべて使用不可能となりました。

この状況を見た謙一は、不安や絶望といった気持ちを超え、どう復旧させるか、その具体的な実務のことで頭がいっぱいになりました。

どうしたら、一刻も早く元の状態に戻すことができるだろうか……？

誰も経験したことのない闘いの始まりでした。


謙一は、塩釜ガスに帰社後、敷地内でヘドロの撤去をしてくれていた菅原産業に相談しました。

「ゼライスの敷地内も、片づけをしてくれないでしょうか？」

二つ返事で協力を約束してくれた菅原産業は、道路封鎖が解けた15日には構内に重機を入れ、16日から作業を始めてくれました。

一番の稼ぎ頭であるコラーゲン工場の片づけは、謙一をはじめ、塩釜ガスの仕事をお願いしている（有）エスジーサービスならびにキムラ建設の方々など6名体制で、17日から20日の4日間で行いました。

翌週の23日以降、ゼライスの社員が震災後初めて出社した際には、敷地内の大きながれきがほぼ片づけられていた様子に驚いたといいます。

●3月13日（日）　テレビで社長の安否確認情報が流れる。いったい誰が？

塩釜ガスは、淡々と復旧作業の準備を進めていました。社員全員がライフラインを預かる会社の責任を痛感しているようです。

宮城ケーブルテレビの社員も同様に、皆それぞれ震災の状況を映像に収めたり、お客様宅を訪問したりなど、職務を冷静にこなしていました。

このときに宮城ケーブルテレビが制作した震災の記録番組『いどばた館』は、この年の日本ケーブルテレビ連盟主催の番組アワードにおいて、報道特別賞を受賞することになります。

連日、グループ各社の状況を確認し、飛び回っていた謙一は、家に帰ると自分の安否確認情報がテレビやラジオで流れていることを知りました。しかし、捜索人はすべて偽名で、心当たりのない名前ばかりです。その真意はなんなのか、疑心暗鬼に陥った出来事でした。

●3月14日（月）　取引先に対して本社メッセージを発信

震災後初の月曜日。謙一は、この日初めて東京営業所の当時の営業部長と連絡を取ることができました。このころ関連業界では、稲井社長の死亡説まで出ていたといいます。

当時のことを、東京営業所のマネージャー、平林智之はこう説明します。

「東北の地理に相当詳しい人でない限り、テレビで何度も繰り返し放映された大津波や、それによって壊滅状態になっている様子がすべてだと勘違いしてしまいます。悪気がなくても、『ゼライスは大丈夫か？』と思ってしまうのも仕方がありませんね」

3月14日、取引先に対して初めて本社からのメッセージが共有され、東京や大阪の営業担当者は、この書面を持ってお客様の訪問を始めました。

メッセージの内容は、以下のようなものでした。

1．地震および津波被害により、電気や通信機能が不通になっていること。

2．工場敷地内は避難地域に指定されているため、工場内の被害状況の確認にもうしばらく時間がかかること。

そもそも受注・出荷業務はどうなるのか、在庫はあるのかなど、取引先にとってすぐにでも確認したいことは山のようにあったはずですが、皆様が温かく対応してくださったことが印象的だったと、営業メンバーは皆口をそろえて話します。

とはいえ、きれいごとだけではすまされません。ゼライスの製品をお使いくださっている取引先企業のラインを止めるわけにはいかないのです。

そのためには、工場が復旧するまで日ごろから懇意にしている委託先にお願いするしかありませんでした。

そんな状況下においても、東京や大阪の営業メンバーは、なるべく頻繁に取引先に顔を出し、ゼライス復活の日まで信頼関係をつなげていくべく努力を重ねていったのです。

●3月16日（水）　復興に向けて〝ゼライス仙台出張所〟始動

この日、ゼライスは、3月22日に管理職の会議を仙台で行うことを決定。23日からは、出社できる社員だけで復旧作業を行うことが決まりました。

また、（株）七十七銀行塩釜支店とは融資の協議が始まったほか、本社・仙台港工場の取引先である東京産業（株）のご厚意により、東北支店（仙台）のフロアを間借りしてゼライスの総務や財務の仕事を再開することも決まりました。

●3月23日（水）　4交代制の出社で復旧作業スタート

震災後、ゼライスの社員の一部が初めて出社したのは、23日のことでした。

屋外に散乱していた車や大きながれきは片づいていたとはいえ、室内のがれきの撤去や細かな掃除は人海戦術で行っていく必要があります。

仙台出張所の総務部では、社員を4班に分けて出社できる人だけが出社し、交代で片づけを行うように手配しました。

「被災の状況は人それぞれですし、車が流されてしまったり、車は無事であってもガソリンを手に入れることができなかったりなどと、来たくても来られない状況の人も多かったです。それに、水を含んだゼラチンは非常に重いですし、しばらくは下水さえも使えない。そんなわけで、最初は男性だけが作業を行いました」（渡部正弘）

最もつらかったのは、水道の復旧が遅れに遅れて掃除ができないことでした。

「水道も電気も、民家（住宅地）のほうが優先的に復旧されます。水が使えるようになったのは1か月後だったので、片づけはできても掃除ができないという状況が続きました」（渡部福美江）

謙一は関係各所に対し、電気や水道の供給再開に関して毎日問い合わせの電話をかけ続けていました。電気と水の復旧がもう少し早ければ、ゼライスの工場もあと1か月は早く復旧できたのではないかと考えると、今でも悔しい思いにさいなまれるといいます。

社員を4班に分けて作業に徹した日々は、当然つらい日々ではありましたが、社員の一体感を生んだ時間でもありました。

当時、総務部長だった今野政秋は、当時のことをこう振り返ります。

「この4班というのは、震災直後で通勤手段が極端に限られる中、同じ地域や方面から通勤する社員同士を同じグループにまとめ、通勤効率を上げることを目的とした班構成でした。そのため、部署や役職の有り無し、社歴の長短などはまったく関係なく振り分けたのですが、逆に、今まで接点がなかった社員同士の結束が高まったメリットもあったと感じています」

1台の車に乗り合い、協力し合いながら通勤した社員もいました。

スコップなどの道具も、社員がそれぞれ融通し合いました。

物資が少なく、食べ物の調達にも不便していたこの時期、昼食のときにひとつの缶詰を班のメンバーで分け合って食べたこともあったといいます。

やがて、全国各地から食料や水、日用品などの支援物資が届くようになり、作業の効率も徐々に上がっていきました。

4月になり、暖かい日が続くようになると、ゼライスの敷地内の桜のつぼみが膨らみ、やがて満開の花を咲かせてくれました。

「桜を見ては、『津波をかぶったのに強いね、美しいね』と社員同士で話し合ったことをよく覚えています。心が折れそうなときも、満開の花や芽吹いたばかりの新緑に、あと1歩頑張る力をもらっていたような気がしますね」（今野）

本社社員が片づけに取りかかり始めたころ、東京や大阪のメンバーもまた、粛々とお客様の対応に当たっていました。

このころにあったのが、謙一の、

「ゼライスは必ず継続し、復活させる！」

といったメッセージです。

この言葉を聞いた中橋は、「お腹の底から力が湧いてきた」と言います。

「震災翌週に、日本海側を回れば宮城に入れるんじゃないかという話が大阪のメンバーから持ち上がりました。結局その必要はないということで宮城入りの話は立ち消えましたが、本社のいつも気丈な若手が、電話で涙ながらに話すことがあり、あれほどまでに強い子が泣き出すような状況なのだと、改めて胸が痛みました。そんなときにトップのメッセージがあったわけで、私自身も復活に向けたひとつのピースになろうという気持ちが湧き上がってきました」

お客様にも、ずいぶん助けられたことがありました。

「取引先にゼライスの現状を説明し、他社製品への置き換えをお話ししたところ、『今は他社のものを購入するけれど、ゼライスが復活したら、必ず戻すから』と力強くお約束してくださったこともあります。こうした言葉に、幾度となくパワーをいただきました」(伊藤)

もちろん謙一も、お客様やグループ企業の方々の温かさに何度も胸を熱くさせられました。

3月下旬になると、ゼライスにとって大きな取引先である正栄食品工業(株)の本多市郎社長がお見舞いに訪ねてこられました。普段はとても明るく、お話の上手な本多社長ですが、この日ばかりは言葉少なだったことが印象に残っています。そして、

「正栄とゼライスはいつまでも一緒だから」

と、別れ際に力強く声をかけてくださったことは、今でも鮮明に覚えているといいます。

また、4月3から4日にかけて、インドにあるゼライスとの合弁会社、パイオニア・ゼライス・インディア・プライベート・リミテッドのS・アンナマライ氏とT・アルムガム氏がはるばるお見舞いに来てくださいました。交通網がまだ完全に復旧していない状況で、よくぞ来てくれたものです。

こうした日々の中、ライバルメーカーの従業員の有志の方々がカンパをして、お見舞金を送ってきてくれたこともありました。

謙一はじめ社員一人ひとりが、人と人とのつながりや、人の温かさというものを改めて認識した日々でもありました。

一方で、自分たちも復興のために何かできないだろうかという思いが湧いてきたのもこのころです。

4月16日、塩釜ガスから石巻ガス(株)に派遣していた応援部隊の陣中見舞いを兼ね、謙一は塩釜ガス常務の坂本と共に石巻に出向きました。報道で見聞きしていたとはいえ、あまりにも変わり果てた石巻の姿に言葉も出ませんでした。

――ゼライスも被災はしたが、何か世のためになることをしたい――

謙一は、徐々にこういった気持ちが高まっていくことを実感していました。

ゼライスとして何ができるかを検討した結果、仙台市にあるゼライスの旧工場跡地の一部を仮設住宅に提供できないかと思い至りました。この話は、のちに災害公営住宅の建設に向かって展開していくことになります。

●4月～年末　被災地と世間との間に広がる認識のギャップ

このころになると、謙一の仕事は震災でお世話になった方々へのあいさつ回りに時間を費やすことになります。東京や大阪を中心に、日本中を飛び回る日々が続きました。

また、5月15日には内閣府の園田康博政務官ご一行様が塩釜ガスに来社。20日には財務省東北財務局がゼライスに来社され、翌週26日には国会議員の先生方30名ほどが被害状況を視察に来社されました。

当時のゼライスは被災企業を代表する会社のひとつとされていましたが、5月も下旬になると工場の敷地内はある程度片づき、外観だけは元の状態に近くなっていました。

とにかくゼライスとしては、早く工場を復旧し、1日でも早く製品をつくって出荷したい一心で作業を急いでいたのです。


ゼライスのロジスティックスを担う牛澤も、思いは同じでした。

「我々ゼライスの課長クラス以上の人たちは、震災後から5月の大型連休ぐらいまで、1日も休まずに仕事をしていました。『明日はどうなるかわからないけれど、無我夢中でひたすら目の前のことだけをやっていた』というのが正しい表現かもしれません」


当時、仙台の出張所で事務手続きを行っていた総務や財務のメンバーも、粛々と自分たちの作業に当たっていました。

国の雇用調整助成金の申請作業を一手に引き受けていた今野は、

「とにかく煩雑な作業が多く、毎回の申請期限に提出を間に合わせるため遅くまで作業をしていました。そのうえ、社員からの『会社は大丈夫なのか』とか『賃金はどうなるのか』といった問い合わせに対応していくのも一苦労でした」

と、当時の心境を話します。心のよりどころとなったのは、社長が発した「雇用は守る」という方針でした。

「非常に強いストレスを感じる毎日でしたが、社長の言葉を信じて一つひとつ片づけていくことで、日々をなんとか乗り越えていました」（今野）

そんな折、謙一はシンガポールに飛び立ちます。6月1日、環太平洋地区のゼラチンメーカーの国際会議に出席するためです。

震災から3か月も経っていないのに海外出張かと思われた人もいらっしゃるでしょう。しかしこういうときこそ、トップの元気な姿を見せる必要があります。もしこの会議に出なかったら、ますます妙なうわさが広がるだけです。

実際、この会議でゼライスの今後の復旧予定を具体的に話したことで、震災直後に広まっていた不安説を一掃することができました。

しかし一方で、日本ではあれほどの大災害が起こったにもかかわらず、海外では何事もなかったかのように普通の生活が続いており、日本のこともたいして気にされていないという現実を知りました。

謙一は、被災地と世界とのギャップに戸惑ったといいます。

そしてもうひとつ、世界とのギャップを痛感させられた出来事がありました。放射能の風評被害です。

海外では、震災によって福島第一原発がメルトダウンを起こし、「日本列島全体が放射能に汚染されている」というのが共通認識になりつつありました。

ゼライスは震災前からコラーゲン・トリペプチドを中国や韓国に輸出しており、震災後も西日本の委託先にお願いして製品供給を続けていました。

しかし、時間の経過と共に、風評被害によって取引が激減していったのです。

8月2日、韓国ニュートリー社のキム・ドオン社長が来社し、こう話されました。

「韓国では放射能の風評被害が深刻で、日本製のコラーゲン・トリペプチドは受け入れることができません。なんとか台湾工場での生産をお願いできないでしょうか」

ニュートリー社の売り上げに占めるトリペプチド製品の割合は相当なもので、

トリペプチドを販売できないとなると、ニュートリー社にとっても死活問題です。頭脳明晰で人柄もよく、信頼できるキム社長のためにも、なんとかしなければなりません。

この話を受けて、謙一はすぐ、台湾ゼライスのアレックス・H・Y・カオ氏、インドにあるパイオニア・ゼライス・インディア・プライベート・リミテッドのS・アンナマライ氏と協議を行い、最終的にはゼライスグループのトップである謙一がお願いする形で、台湾におけるコラーゲン工場の建設の話がまとまったのでした。

2011年も初夏になると、ゼライスの初期復旧はある程度進み、本格的な建物設備の復旧に取りかかっていくことになりました。2009年に完成したばかりの工場なのに、また投資をして同じものをつくらなければなりません。

とはいえ、どれほど悔しくても、つらくても、泣き言をいっている余裕などないのです。1日でも早く工場を復旧して製品をつくらないことには、何も始まらないのですから。

２０１２年

●工場生産を再開するも、売り上げは震災前の６割に

年が明けて２０１２年、突貫工事で建物設備の復旧作業に取りかかりました。早くも春ごろには主だったものが完成し、それまで生産を委託していた先から順次移行が始まりました。

ようやく自社の工場で生産を再開できるという喜びはあったものの、この１年間をライバルメーカーが黙って見ているはずもありません。

西日本全体を担当する中橋は、

「震災から半年、１年と経つにつれて、東北から遠い地域であればあるほど震災が遠い出来事になってしまっているように感じました」

と振り返ります。

ゼライスの生産再開の一報を聞きつけ、取引先企業に対して大幅な値下げの提

案をしたライバルメーカーもありました。
「商売ですから仕方がないことですが、すべてのお客様が以前と同じ状況に戻してくださるわけではないという現実に、悔しい思いをしたこともありました」（中橋）
再納入に向けた話し合いの中で、ゼライスとの取引を戻せない理由のひとつとして、原発にまつわる風評被害の影響も強く感じたといいます。
ゼライスも、東北のほかの被災企業と同じように、震災前の6割程度まで売り上げを回復させるのがやっとだったのです。

その一方で、2012年5月には、旧仙台工場跡地に関する定期借地権設定契約を仙台市と締結することができました。

これは2011年5月より協議が始まっていたもので、当初は仮設住宅の建設で進んでいたものの、のちに災害公営住宅の建設ということで話がまとまったものです。

仙台市がゼライスから52年間借地し、その上に公営住宅を建てるという過去に前例のない取り組みでしたが、このプロジェクトに関して、大和ハウス工業（株）

仙台支店の丸山滋さんは、

「ゼライスさんには、本業のほうも大変な状況だったにもかかわらず、よく災害公営住宅の建設にご協力いただけた。また、仙台市とゼライス、そして大和ハウス工業という、行政と民間がひとつの目的に向かって進むことができたのは、現在仮設住宅に住まわれている方々のために1日でも早く建設しなければならないという思いで団結したからにほかなりません」

と振り返ります。

この災害公営住宅の竣工式は、契約締結2年後の2014年3月に行われました。

2014年はゼライスにとって試練の年であり、いまだ業績が浮上しない中、謙一の心労が積もり重なっていた時期でもありました。

しかし、テレビの報道で、仮設住宅から引っ越しをされたご家族のお子さんがうれしそうにはしゃぐ姿を見た謙一は、「少しは世の中に貢献できた」と目頭が熱くなったといいます。

一方で、この時期の台湾をはじめとしたゼライスの海外工場は、好調を維持していました。

唯一、オランダの工場の業績が振るわず、震災の後始末で多忙を極める中、現地のメインバンクから緊急の招集がかかるなどのアクシデントがありましたが、その後見事に立て直し、2013年以降は高収益体質を継続しています。

また台湾のコラーゲン工場も、計画承認から完成までわずか1年という異例の速さで竣工し、韓国への輸出を再開することができました。

2013年〜2014年

●業績の立て直しに向かって力を尽くす

ところが2013年になっても、放射能の風評被害が後を引き、ゼライスの売り上げはなかなか伸びてきません。当然、ゼライス内部は困窮を極めます。

しかしその一方で、対外的には震災からの復興が進んだようにも見える1年でもありました。

1月には、多賀城工場敷地内に大和物流（株）倉庫を建設することに関する協議を開始。

6月には、外注していた検査機能を自前で行うための復興支援の申請をし、年内に検査分析センターをオープンさせることができました。

また10月には、災害公営住宅に先駆けて建設されていたゼライスタウンの商業施設店舗がオープン。インドや台湾、中国からも関係者をお招きして、盛大にタウン開きを祝ったのでした。

その後、2014年の年末には、ゼライスの復興をグンと後押しするような出来事が起こりました。12月14日、読売新聞に「コラーゲン・トリペプチドが膝痛を緩和する」との記事が掲載されたのです。

このときから翌年2015年の春ごろまで、通信販売の電話回線は鳴りやまず、うれしい悲鳴に包まれました。

2015年〜2018年

●奇跡の「レ」字型回復、創業以来最高の経常利益を達成

2015年の決算は、売り上げも徐々に回復し、最終的に営業利益を黒字に転換することができました。

これ以降、ゼライスは押せ押せムードで仕事が動いていきます。

2017年6月には、コラーゲン環状ジペプチドに対し、NEDO（国立研究開発法人新エネルギー・産業技術総合開発機構）の補助金の交付が決定。研究開発がさらに加速していきました。

さらに2018年は、コラーゲン・トリペプチドの売り上げも好調に推移し、秋にはアメリカでの展示会に初めて参加するなど、今後のグローバルな販売展開の基礎をつくることができた1年でもありました。

2018年の業績は、創業以来最高の経常利益で締めくくることができました。ゼライスは、奇跡の「レ」字型回復を成し遂げたのです。

２０１８年については、社員たちも口をそろえて「やっとひと息つくことができた節目の年」と話します。

「あの震災を乗り越えることで、『命があってこその日常だ』という感謝の思いが強くなったと感じています。そして、自分たちだけではなく人のことも考えられるようになったんですよね」と、渡部正弘は振り返ります。

２０１９年以降

●ゼライスのリブランディングプロジェクト始動

その後も、ゼライスの快進撃は止まりません。

２０１９年1月23日、消費者庁にコラーゲン・トリペプチドの機能性表示食品の届け出が完了しました。

4月13日、14日の週末には、「10年後のゼライス」と称したワークショップを開催。塩釜のホテルに本社や東京、大阪から約30名が集まり、ブランドリニューアルに向けたコンセプトづくりが行われました。

このワークショップについて岸は、

「各階層の従業員がゼライスの強みや弱みを真剣に考え、掘り下げていくという作業がとても新鮮に感じた」

と振り返ります。

大阪から参加した中橋は、感想をこう語ります。

「大阪にいると、そもそも本社に行くことがあまりありません。行ったとしても、お客様をお連れして工場を視察し、関係部署の人たちと言葉を交わすだけになってしまいます。しかし、そのワークショップに参加したことでいろいろな部署の人と話すことができましたし、仲よくなった人もいます。ゼライスに対する自分の『思い』も再確認できた有意義な時間だったと思います」

5月17日には東京丸の内にて機能性表示食品「摩擦音ケアにひざ年齢」のメディア向け新製品発表会を行いました。

これには絶大な反響があり、地元の河北新報をはじめ多くのメディアに取り上げられ、「摩擦音ケアにひざ年齢」は、6月の発売開始と共に順調に売り上げを伸ばしていきました。さらに10月に入ってテレビ朝日のワイドショーで全国放送されて以来、生産が追いつかず、一時期欠品するほどの事態になったのです。

また、同じく10月にはコラーゲン環状ジペプチドが認知機能改善用食品として用途特許を取得。すでに取得している製法特許と合わせて、今後の製品化が楽しみな状況となっています。


さて、震災から現在にかけてのゼライスで活躍してきた社員やOBたちは、この数年をどう感じているのでしょうか？

大阪営業所の中橋は、さまざまな人間模様を見てきたといいます。

「震災直後から『復活したら必ずゼライスに戻す』とお約束してくださり、それを本当に実行するべく、率先して全国の支店に働きかけてくださった取引先のご担当者様もいらっしゃいました。そういった方々の気持ちと行動に、我々も強く励まされてきましたね」

この中橋の発言に、東京営業所の伊藤や西村、平林は大きくうなずきます。

本社に手伝いに行きたくとも行けないもどかしさに悔しい思いを噛み締めた東

京や大阪の社員たちでしたが、お客様の心意気にも支えられ、少しずつ復興を遂げていく本社と共に前進してきました。そんな彼らがゼライスの復活を実感したのは、前述の通り、2018年、業績が回復した年のことだったといいます。

一方で、最もゼライスが苦しんでいた2015年に定年退職を迎えた牛澤は、少し違った切り口でゼライスの復活を感じています。

それは、現在もゼライスで働く妻の送迎などで本社を訪れるたびに感じる、「自分の知らない顔が増えた」という事実。知らない顔が増えたということは、ゼライスに人材を増やす余力が生まれてきたということです。

実際に2018年からは、新卒採用も復活しました。

「新しい人が増えると、会社の活気も増していくことと思います。ゼライスには、これからも安定しつつ、発展していってほしいですね。その安定と発展をOB会でもバックアップできればうれしいです」（牛澤）

では、ゼライスは完全に復活したといえるのでしょうか？

東京営業所の西村は、「依然として戻っていない取引先もある」と話します。

「本当の意味での復活はまだ先かなと、個人的には考えています。震災前のレベルに戻って、初めて完全復活といえるのではないでしょうか」

ゼライスならではの研究開発力を結実させ、画期的な新製品を誕生させる。
それを自分たちの手で製造し、世に広めていく。
そして、まだ戻ってきていないお客様に戻っていただきつつ、新たな顧客獲得を目指していく――。

ゼライスが考える「成長」とは、この3つの輪をグルグルと回していくことにほかなりません。

今日もゼライスの社員それぞれが、何事もなく仕事ができる喜びを実感しつつ、それぞれの持ち場で自らの役割に集中しています。

ゼラチン、コラーゲンの?に迫る④

Q　コラーゲンは取れば取るほど効果が期待できるの?

A　1日に摂取すべきたんぱく質量は、成人で50〜60グラムといわれています。コラーゲン以外のたんぱく質もバランスよく取る必要があるため、コラーゲンだけを大量に取るのはおすすめできません。大量に取りすぎると、腎臓や肝臓に負担をかける恐れもあります。

Q　効果的な摂取法はある?

A　体内のコラーゲン量は、成長期には増えますが、加齢と共に減っていきます。ゼライスのコラーゲン・トリペプチド配合の健康食品については、体調に合わせて1日2〜4グラムを目安にお召し上がりください。一度にたくさん摂取するのではなく、毎日続けて取ることをおすすめします。
また、コラーゲンの合成にはビタミンCが必要とされるため、併せて摂取するのも効果的です。ビタミンCの多い食品を積極的に取るようにしましょう。

摂取タイミングは基本的にいつでもかまいませんが、コラーゲン合成は成長ホルモンの分泌に合わせて活発になるので、就寝前や運動直後に摂取するとよいでしょう。

第5章

ゼライスが見据える、健康、医療、環境の未来

【コラーゲン由来環状ジペプチド、シクログリシルプロリン（シクロＧＰ）】

シクロＧＰは、認知に関する悩みに寄り添う

世界でも類を見ないスピードで高齢化が進んでいる日本。高齢になるほど気になるのは、物忘れや判断力の低下といった症状が現れる認知症だろう。

認知症になってしまったら、社会生活に支障をきたし、家族とも上手くコミュニケーションが取れなくなって、孤独感を噛み締めることになるかもしれない。本人はもちろん、身内や介護にあたる人たちの負担も大きく、互いが互いを思いやることができないシーンも増えることだろう。

当然のことながら、誰もがそんな悲しい将来を送りたくはないと考えている。

しかし、２０２１年現在、認知症の治療薬や治療法について確たるものはまだ

ゼライスの考える未来

見つかっていない。

一方で、認知機能を改善する食品として、ゼライスが製法特許、および用途特許を取得しているものがある。「環状ジペプチド」と呼ばれるもののひとつ、「シクログリシルプロリン（シクロＧＰ）」だ。

現在ゼライスでは、シクロＧＰの機能性表示食品の届け出に向けて、ヒト臨床試験を重ねている。

シクロＧＰが広がっていけば、認知に関する心配が減るかもしれない。

●シクロGP開発までの背景

コラーゲン・トリペプチドが全身の機能維持や改善に関連していることを発見し、ますます研究分野を広げていたゼライスですが、唯一、10数年前まで研究がなされていなかった分野がありました。それは、脳機能への作用についての研究です。

折しも世の中は高齢社会から超高齢化社会に移行し、高齢人口の増加や認知症の増加が社会問題として日々叫ばれていました。抗老化全般を研究テーマにしているゼライスにとって、老化による認知機能の衰えは身近な問題であり、脳機能への作用の研究だけが白紙になっていることは、とても気になるところでした。

コラーゲン・トリペプチドの全身的な作用が明らかになるにつれ、「脳はどうなの?」「物忘れにはいいの?」という声も増えてきました。

そのような中、10年ほど前、小さなきっかけでコラーゲンから脳機能の改善に関連する成分を製造できることを発見しました。それが「環状ジペプチド」と呼ばれるもののひとつ、シクログリシルプロリン(シクロGP)です。

ゼライスではこのシクロGPの製法特許、および認知機能の改善についての用途特許を取得し、実用化に向け研究を続けています。

シクロGPの開発によって、ゼライスの本当の意味での「全身的な」抗老化研究が完成します。

●ジペプチドと環状ジペプチド、その違いとは

第2章の68ページで、アミノ酸がつながったものをペプチドと呼び、そのアミノ酸が2つ連なったものをジペプチド、3つ連なったものをトリペプチドと呼ぶことを説明しました。

ジペプチドも環状ジペプチドも、どちらもアミノ酸が2つ連なっているものですが、その連なり方が輪のようになっているものを環状ジペプチド（シクロジペプチド）と呼びます。

「シクロ（cyclo-）」というのは環状であることを表す接頭辞です。ゼライスが研究をしているシクロGPというのは、輪のようになって連なっているグリシンとプロリン（環状のグリシルプロリン）という意味です。

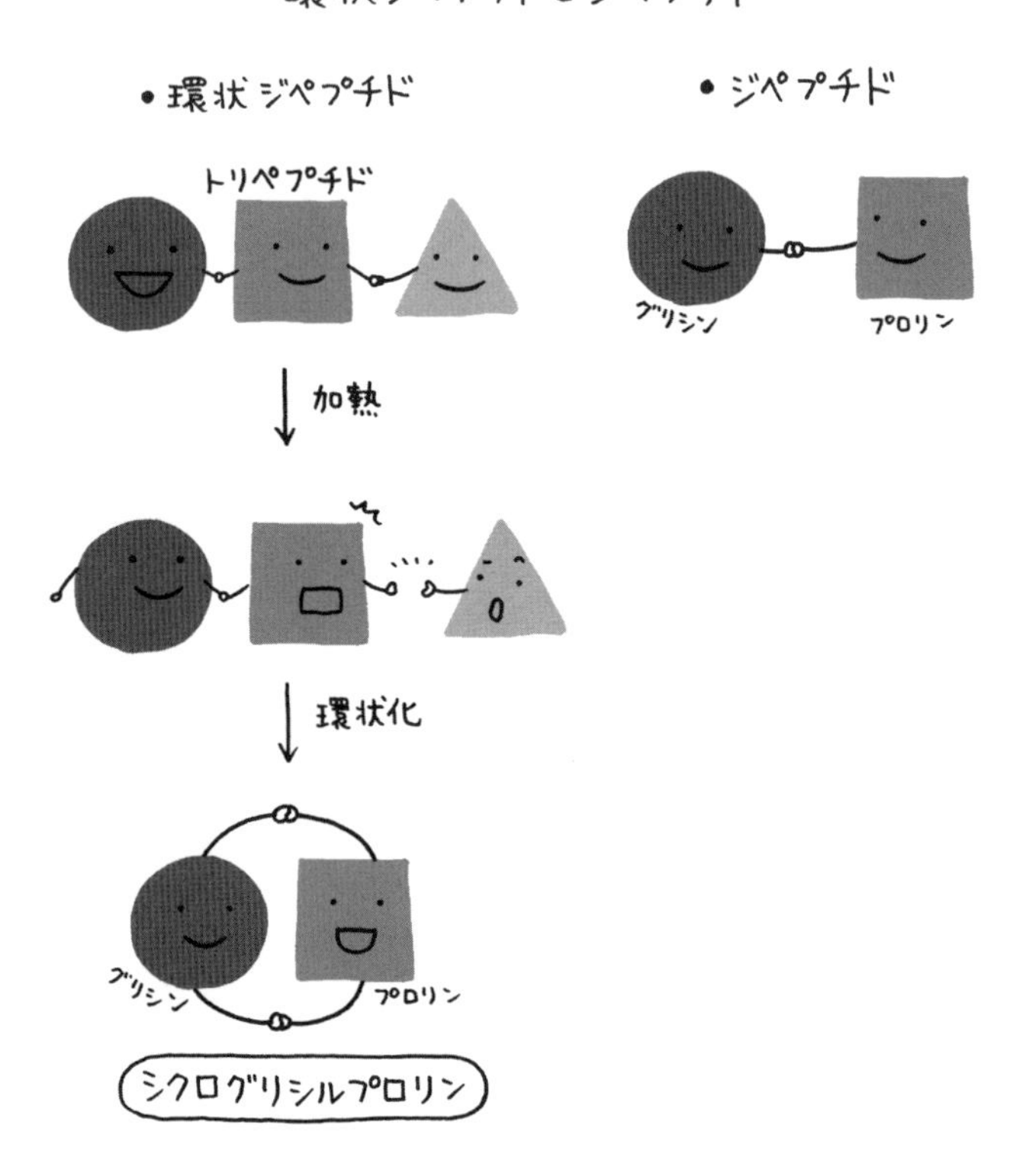
環状ジペプチドとジペプチド
・環状ジペプチド
トリペプチド
加熱
環状化
グリシン
プロリン
シクログリシルプロリン
・ジペプチド
グリシン
プロリン

長いコラーゲンを酵素で切断した際にできるペプチドは、環状ではなく、紐のような状態のペプチドです。またコラーゲンペプチドがお腹の中で消化・分解される場合にできるジペプチドも紐のように連なっており、輪にはなっていません。環状ジペプチドは、ジペプチドやトリペプチドに発酵や加熱といったなんらかの処理が加わることでできることがわかっています。天然にもさまざまな種類の環状ジペプチドがありますが、その場合も発酵や加熱といったなんらかの力を受けて環状になったと考えられています。

ゼライスが研究をしているシクロGP以外にも、いろいろな配列のジペプチドがあります。アミノ酸は20個あるので、理論上は20×20＝400種類のジペプチドがあり得ますし、それらが環状になったものも同じ数だけあり得ます。その中には、すでに活用されているものもあれば、研究中のもの、まだ手つかずのままのものもあります。

環状ジペプチドには、紐状のジペプチドに比べて安定性が高いという特長があります。また、分解されづらく、食べたときの血中への移行性が非常によいのも特長です。

●シクロＧＰは直接脳に到達する！

ゼライスが研究をしているシクロＧＰは、脳に直接届いて作用するというのも大きな特長のひとつです。

脳に栄養を運ぶ経路の途中には、血液脳関門と呼ばれる関所があり、限られたものしか脳に入ることが許されない仕組みになっています。

たとえ細胞実験で脳によいことがわかっても、食べたときに脳まで届かないならまったく意味がありません。このせいで有効性が期待された薬や機能性成分の開発が中止になることさえあります。

シクロＧＰの場合、食べるとそれが脳にまで到達し、脳の神経細胞に直接命令を与えることがわかっています。

●私たちの脳にはシクロＧＰが存在している

シクロＧＰは、ロシアの研究者がラットの脳内にあることを見つけたことから研究が進みました。私たちヒトの脳の中にも存在する物質です。つまり、もともと脳にとって身近な成分だったのですね。

このロシアの研究者が、ラットに電気ショックを与えて物忘れを起こさせる実験をする際に、あらかじめシクロＧＰを脳内に注射したところ、物忘れをしなかったという結果が出ました。これを機に、脳によい働きをする可能性があるのではないかと考えられるようになり、研究が続けられています。

●コラーゲンはシクロＧＰの格好の原料

コラーゲンの研究をしていたゼライスが環状ジペプチドにたどり着いたのは、ほんの小さな出来事がきっかけでした。

コラーゲン・トリペプチドの製造過程で、微量ながら何か別の成分ができていることに気がついたのです。その微量成分を集めて構造解析をしたところ、シクロGPであることがわかりました。

ではどうしてコラーゲン・トリペプチド中にシクロGPができたのでしょうか？

第2章の73ページで説明したように、コラーゲンのアミノ酸配列は、グリシンと別のアミノ酸2つが繰り返される構造をしています。そして、「グリシン－プロリン－ヒドロキシプロリン」や「グリシン－プロリン－アラニン」などに代表されるように、グリシンの次のアミノ酸は、プロリンとなる場合が多いことがわかっています。

検証の結果、コラーゲン・トリペプチドの製造中に熱が加わったことで、この「グリシン－プロリン－X」というトリペプチドからシクロGPができたということがわかりました。

一般的なコラーゲンペプチドでは、シクロGPができることはめったにありません。つまりシクロGPはトリペプチドを切り出す技術があったからこそ生まれたものといえます。

なお、シクロGPは、果実の抽出液、発酵食品、加工食品、漢方薬などにも含まれていることが知られていますが、いずれもごくごく微量です。コラーゲンを使ったシクロＧＰの製造法は、とても高効率で画期的なものといえます。

●震災直後の苦労を乗り越えて得た研究成果

コラーゲン・トリペプチドにシクロＧＰが微量入っていた原因や、どの工程がシクロＧＰをつくり出すに至ったのかを解明するまでには、かなりの時間がかかりました。

というのも、「トリペプチドに含まれるこの微量な成分は何か？」という研究に取りかかったちょうどそのときに、震災が起きたからです。

仮設の研究室でこの微量な成分の研究を続け、構造の解析では地元の大学にご協力をいただきました。

加熱するとシクロＧＰが増えるという傾向がわかってからは、熱の加え方などに関して検討を重ねました。

また、コラーゲン・トリペプチドが安全な食べ物であることはわかっていましたが、そこから製造方法を変えてシクロＧＰだけを取り出したときに、体に悪い物質が発生していないかどうかは最も気になるところでもありました。

ゼライスでは、十分な時間をかけて安全性試験を行い、人が食べても問題がないという確証を十分に得たうえで、認知機能への作用を確認するためのヒト臨床試験に移りました。

シクロＧＰの製法特許の出願は２０１２年で、権利化は２０１４年、認知機能改善用食品として用途特許を取得したのは２０１９年です。

製法特許の出願から数えて7年ほどかかっていますが、その間には震災直後の最も資金繰りに難儀した時期もあり、ゼライスとしても思い入れの強い製品です。

●健康な人間の認知機能を改善

シクロＧＰに関しては、先行していた海外の研究は脳損傷や先天性の脳疾患を患っている人に対する作用の研究であり、健康な人が摂取したらどうなるかというデータはありませんでした。

病気や脳損傷の人に有効だからといって、健康な人にとってもよいとは限りま

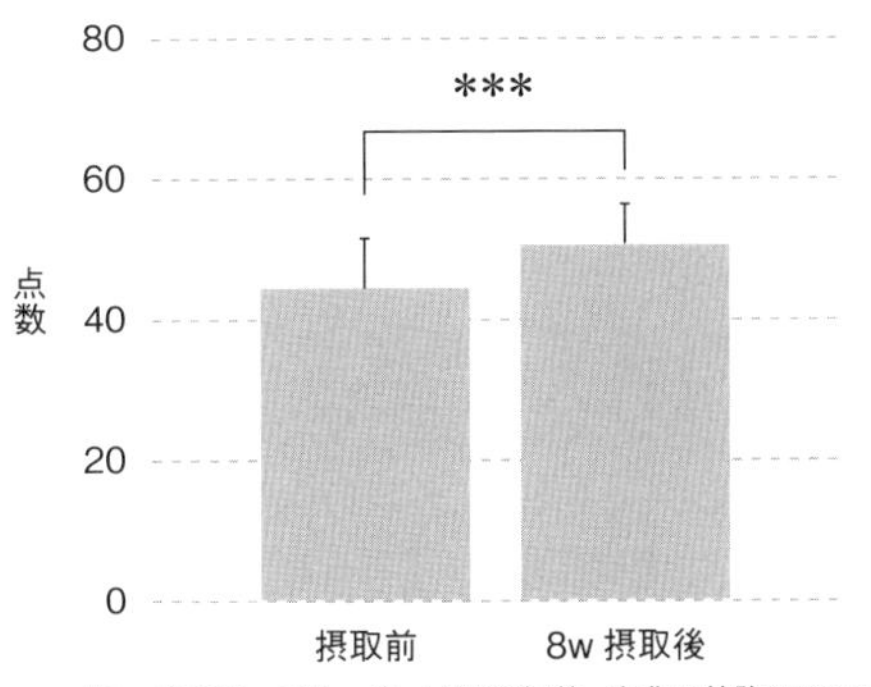

シクロGP摂取後、認知機能テストの得点が改善

せん。ということで、安全性の確認が取れたのちにゼライスが行ったのは、健康な人を対象にした認知機能テストです。10名の方に認知機能のテストを受けてもらったのち、シクロGPの摂取を毎日8週間続けてもらいました。その結果、物忘れを自覚する方々の認知機能を改善したことが明らかになったのです。

●ゼライスの「使命」が、大発見に導いた

ゼラチンメーカーであるゼライスが研究を続けてきたのは、ゼラチンアレルギーが発端です。ゼラチンを扱う企業の使命として、人命を危うくする可能性は

限りなくゼロに近づけていかなければなりません。

第2章74ページでお話しした通り、ワクチンの安定化剤として多く使われていたゼラチンのアレルゲン性をなくすための方法を検討していたときに、ある酵素を発見。その酵素でゼラチンを分解するとアレルゲン性を大幅に低減させることができるとして、医薬用ゼラチンを発売しました。

その医薬用ゼラチンからコラーゲン・トリペプチドを発見し、さらに研究を進めていたところ、シクロGPが発見されたのです。

偶然の成り行きで見つけたものを手放さず、丁寧に研究を重ねてきたからこそ発見できたといえるでしょう。


もちろん現在も研究は続けられており、コラーゲンやゼラチンの大いなる可能性を掘り下げ続けています。この先、第2、第3の環状ジペプチドが発見される可能性もあることでしょう。

また、シクロGPが作用するのは脳だけとも限りません。ほかにもたくさんの機能性を秘めているのではないかとの期待を込めて、日々、研究が続けられています。

第 5 章

ゼライスが見据える、健康、医療、環境の未来

【医療用ゼラチン】

ゼラチンは、医療の発展を底支えし続ける

皆さんは、かつてやけどを負ったら豚の皮膚を貼りつけるという民間療法があったことをご存じだろうか？

これは、豚の皮にはコラーゲンが豊富に含まれ、人間の組織となじみやすいという理由から生まれた治療方法だ。現在では豚の皮を凍結乾燥し、滅菌してつくった保護剤が製品化されており、やけどや傷の治療に使われている。

また、流れの悪くなった血管をつなぎ替えるバイパス手術の際に使われる血管は、合成樹脂のものもあるが、今でもなお豚の血管を使うことがある。豚の血管に含まれるコラーゲンと人間の体との生体適合性が優れているためだ。

このように、コラーゲンやゼラチンなどを多く含む動物由来の原料を用いた素材は、人間の体になじみ、よい治療効果を得られるため、医療分野で重宝されてきた。長年にわたって使われ続けたことから、安全性についての知見が多いこともメリットのひとつとして挙げられる。

近年は、再生医療の分野においてゼラチンが果たす役割が広がっている。ゼライスが再生医療に大きな貢献を果たす可能性は、十分にある。

●医療の現場で欠かせないゼラチン

口当たりがよくて、ツルっと溶けるゼリーの材料として知られているゼラチン。実は医療用材料としても多く使われています。

薬のカプセルや注射液の安定剤といった薬剤に使われるということは第2章でもお話しした通りですが、そのときに役立っているゼラチンならではの機能は以下の通りです。

・生体適合性…体になじみやすく、拒絶反応が少ない。
・保護コロイド性…水に溶けないものをなじませ、沈殿させないようにする。
・吸着防止機能…容器をゼラチンでコーティングして、薬剤がくっつかないようにする。

●手術を支えるゼラチン製品の数々

ゼラチンの形態によっても、使用用途が違います。

糸状のゼラチンは、手術用の糸に使われます。ゼラチンは体温程度の37度付近で溶ける性質を持ちますが、縫ったそばから溶けてしまわないよう、ゼラチンに架橋という加工を施して溶けるまでの時間を調整し、手術用の糸に加工します（架橋については200ページ参照）。

また、膜状のゼラチンは手術時の癒着防止に、スポンジ状のゼラチンは止血剤に使われています。

●ゼラチンを練り込んだ骨補填剤

第2章80ページでは、ゼラチン（コラーゲン）には骨の形成を促進する働きがあるとお話ししました。この働きを生かし、ゼライスでは骨補填剤（こつほてんざい）にゼラチンの粒を練り込む研究をしています。

骨補填剤というのは、事故などで欠けた骨の穴を埋めるセメントのようなもののことをいいます。骨補填剤は体内で次第に溶けて普通の骨に置き換わっていきますが、それにはとても時間がかかります。

しかし、ゼラチンを練り込んだ補填剤なら、溶けたゼラチンに血管をつくる細胞が遊走（個体内のある位置から別の位置に移動すること）してきて定着を始めます。それに続いて骨補填剤を壊す破骨細胞、その次に骨をつくる骨芽細胞がやってきて骨がつくられていく……というプロセスを経ることがわかりました。

ゼライスでは、動物実験の結果、ゼラチンを練り込んだ骨補填剤を使うことで骨形成が促進され、通常よりも早く普通の骨に置き換わることを確かめています。

●インプラント治療にもゼラチンが活躍

インプラントとは、歯周病や虫歯、事故などでなくなった歯の代わりに人工歯を固定する治療のことをいいます。

人工歯を固定するには、歯を支える骨（歯槽骨(しそうこつ)）に土台を立てる必要があります。しかし、歯周病で歯がなくなってしまった場合は、たいてい歯槽骨も溶けて薄くなってしまっていて、インプラントが安定しないことがありました。そのため、せっかく入れたインプラントが抜けてしまったり、インプラントの周囲が炎症を起こしたりといったトラブルが発生し、歯科医師を悩ませていたのです。

そこである歯科医師が、インプラントの前に、痩せた歯槽骨にゼラチンとリン酸カルシウムを練り込んだフィルムをかぶせる実験を行いました。その結果、ゼラチンが溶けていくにつれて骨芽細胞の遊走を促し、減った歯槽骨が徐々に回復することがわかったのです。

回復した骨にインプラントを埋めると、安定性がよくなるとのこと。現在、この材料の実用化の研究が進んでいます。

●再生医療に不可欠なゼラチンの役割

このところ注目を集めているのが、再生医療です。

再生医療とは、病気や事故によって失われた組織を再生することを目的とする医療です。たとえば、自分の体にある幹細胞という特殊な細胞を取り出して培養し、目的とする組織や臓器にしてから、体に移植する方法などがあります。最近では、ｉＰＳ細胞を使った再生医療も知られるようになってきました。

この再生医療にもゼラチンが貢献できると考えられています。

ゼラチンは、２００ページで説明する架橋という技術を加えることで、まったく性質の異なるゼラチンをつくることができます。溶け方のコントロールが自由自在にできれば、医療用の用途はかなり広がっていくのではないでしょうか。

【架橋技術と代替プラスチックの可能性】

ゼラチンの架橋技術には、環境問題を解決できる可能性がある

現在世界中から注目を集めている「SDGs（エスディージーズ）」（17の目標からなる持続可能な開発のための計画）。その中には、地球環境にまつわる目標も定められている。この目標をクリアする手段のひとつと考えられているのが、生分解性プラスチックだ。

生分解性プラスチックとは、石油由来のプラスチックと同様の使い勝手のよさがあり、使用後は微生物の働きで分解され、自然に返るプラスチックのことを指す。

この生分解性プラスチックのひとつとして、ゼラチン由来のものがつくれないかという研究が進んでいる。その実現化に欠かせない技術のひとつが、ゼラチンの架橋技術だ。

ゼラチンが代替プラスチックの原料になるというのは、まだまだ研究途上であり、実現は少し先の未来の話になりそうだ。

だが、この研究を進めていく中で、まったく新しい架橋方法が発見されるかもしれないし、思いもよらなかったブレイクスルーが生まれるかもしれない。

ゼラチンが持続可能な社会を実現するカギとなる可能性を信じて、ゼライスは未来に向けた研究を続けている。

●古くからある架橋の技術

架橋とは、ポリマー（高分子の有機化合物）同士に橋を架けるように結合させて、化学的、物理的性質を変化させる反応のことです。

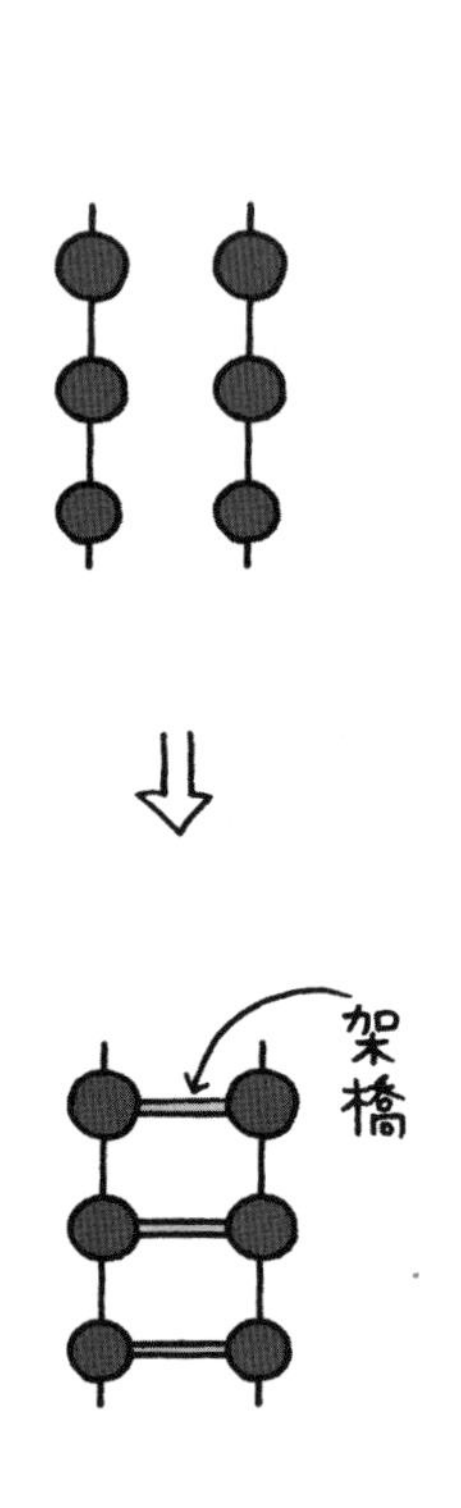

通常、ゼラチンは温めると液体（ゾル）になり、冷やすと固体（ゲル）になります。逆に、固体となったゼラチンを温めれば、また液体に戻すことができます。しかしゼラチンを架橋すると、加熱しても液体にはなりません。

ゾル化、ゲル化と架橋

ゼラチンを架橋するには、熱や酵素、紫外線、薬品などが使われます。

この架橋という技術自体は、それほど新しいものではありません。古くからある写真用フィルムや食品サンプルの製造にも、ゼラチン架橋技術が使われています。前項で説明した手術用の糸も、ゼラチンを架橋させてつくっています。

●架橋で得られるもの

ひと言で架橋といっても、使う架橋剤やゼラチンの濃度、添加するものによって強度は大きく変わります。たとえば、ゼラチンはゲル化すると弾力のあるゲルになりますが、使う架橋剤によってしっかりと弾力のあるゲルになることもあれば、あまり弾力のないゲルになることもあります。架橋の方法によって、ゼラチンの性質が変わってくるのです。

しかしゼラチンには、吸水し、膨潤する特性があります。この特性は、架橋したからといって消えるものではありません。

ゼラチンが医療用途に多く使われるのは、膨潤して体になじむ特性があるためです。この特性を生かし、体になじむまでの時間を架橋によって細かく調整したのが、医療現場で使われている徐放性ゼラチンです。徐放とは、徐々に放出することを指し、この場合は徐々に体になじむという意味で使われています。

●食品サンプルにゼラチンが使われる理由

ところで、食品サンプルにゼラチンが使われると聞いて、なぜゼラチンなんだろう？　プラスチックではなぜダメなの？　と思われた方もいらっしゃるのではないでしょうか。

実は、ビールやソーダのような透明感のある食品を再現するのは、プラスチックでは難しいのです。そこで使われるのが、架橋をして固めたゼラチン。炭酸などの気泡を表現する場合は、かき混ぜて泡をつくり、そのままの状態で固めます。

透明感といえば、人工フカヒレ（フカヒレ風食品）にもゼラチンが使われていま す。ゼラチンとアルギン酸ナトリウムなどからつくられており、こちらは当然、食べることができます。

●ゼラチンはプラスチックの代わりになるのか？

架橋によって強度が増すゼラチン。最近では、ゼラチンがプラスチックの代わりになるのではないかという研究も進められています。こうした研究が始まったのは2000年に入ったころから。ゼライスでも、2019年ごろから代替プラスチックに関する研究が始まりました。

ゼラチンが代替プラスチックになるかもしれないという可能性が着目されるようになったのは、プラスチックによる環境汚染が問題視されるようになったからにほかありません。ゼラチンはたんぱく質であるため、使用後に燃やしても有毒ガスは出ませんし、土に埋めれば微生物によって分解されて自然に返ります。

プラスチックの海洋放出も問題になっていますが、もしもゼラチンが原料であれば、マイクロプラスチック化されることなく分解されるはずです。

●課題山積な代替プラスチックへの道

とはいえ、課題は山積しています。

ゼラチンには吸水して膨潤する特性があることはお伝えしました。この特性があるからこそ医療用途に大きな可能性があるのですが、プラスチックの代わりにするには困った特性であるといえます。

また、ゼラチンを架橋すると、加熱しても可塑性はありません。そのため、プラスチックのように簡単には成形できないという難点もあります。なんらかの可塑剤を加えれば加工ができるようになるかもしれませんが、ゼラチンとの相性などを考えると、そう簡単に解決できないのが現状です。

コストに関する問題もあります。そもそもゼラチン自体がプラスチックの原料に比べると割高です。

そうはいいながらも、海外ではゼラチンを使った食品の包材や、農業資材の代替品としてゼラチンを使ったものが実用化できないかという研究が進んでいます。ゼラチン単体ではなく、それにキチンやキトサン、コーンスターチを混ぜるなどといった工夫が続けられているということです。

●ゼラチンの架橋技術がもたらす未来

代替プラスチックに関しては、まだまだ研究は始まったばかりです。現在のところは夢物語レベルの話ではありますが、石油がなくても回っていく持続可能な世界の実現に、ゼラチンが貢献できるかもしれません。

また、架橋の技術を研究していくことで、医療用ゼラチンにも応用できる何かが生まれる可能性もあります。

架橋は古くからある技術ですが、非常に夢のある技術だといえるでしょう。

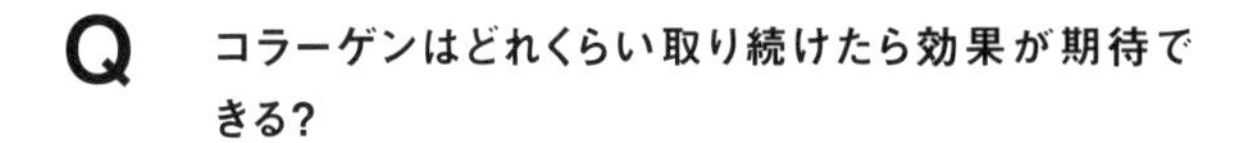

Q　コラーゲンはどれくらい取り続けたら効果が期待できる?

A　体感は人それぞれなのですが、肌に関しては1〜2週間で効果を実感される方もいらっしゃいます。
膝関節痛に関してのヒトへの臨床試験は12週間継続して行われ、ほぼすべての方が効果を実感されました。

Q　コラーゲンペプチドにカロリーはある?

A　コラーゲンペプチドは、ほぼたんぱく質で構成されているので、含まれているたんぱく質分だけのカロリーがあります。
一方で、鶏皮や牛筋、鶏の軟骨など、コラーゲンの豊富な食材には脂肪もたくさん含まれています。食材からコラーゲンを摂取する場合、どうしても脂肪も一緒に口にすることになりますので、その点は要注意です。

ちなみに、ゼライスのコラーゲン・トリペプチドは、スプーン1杯(4グラム)あたりのカロリーは約14キロカロリー。コラーゲン・トリペプチド自体が肥満の原因になることはありません。

エピローグ　――品質管理に関するゼライスの基本コンセプト――

ゼライス株式会社　常務取締役　小林 隆

当社が扱っているゼラチンやコラーゲンペプチドは、性別や年齢を問わず、健康で充実した生活を長く維持したいと考える人々によく知られる言葉となりました。

また当社の商品「ゼライス」は、一般家庭で手軽に利用される食用ゼラチンの代名詞となっています。このほかにもゼラチンにさまざまな用途があることは、本書の第2章、第5章に述べた通りです。

当社の品質管理は、ゼラチンの用途のひとつ、写真フィルムや印画紙用のゼラチンをユーザーに供給し続けていた1992年ごろから大きく前進しました。

当時の社会背景として、日本の工業製品は世界トップの品質を誇り、品質管理をシステム化する、または生産システムに品質管理をしかるべく位置づける取り組みが盛んに行われていました。当社も当然のことながら、この動きを自覚するようになります。

従来、製品の品質が安定し、規格通りの製品が供給できるよう、検査判定の充実を含めた体制を強化してきましたが、さらなる工程強化の要望を取引先から受け、当社技術部門は品質管理の基礎を改めて勉強し、強化してきたのです。

やがて、「品質ですべてのことを管理する」という認識を確立し、すべての製品、稼働する工程、原材料、作業する従業員、管理監督者、仕事の手順、顧客対応の仕方等々のさまざまなことを〝品質〟で管理するという考え方が、ゼライスの基本姿勢として伝えられるようになったのです。もちろん、現在まさに拡大中の事業においても、この考え方は同様に適用されています。

これは、ゼライスのグローバルロゴ〝Passion for Quality（パッション フォアクオリティ）〟にも端的に表れています。狙いはもちろんトップクオリティーにほかありません。

これは当社の顧客サービスに対するコミットメントでもあり、グループ会社全体で共有し、全世界に発信しています。

今後サービス強化を図るデジタルトランスフォーメーション（デジタル技術の進化が浸透することで人々の生活が向上すること）を活用したBtoC（ビジネストゥー　コンシューマー：企業が商品やサービスを直接消費者に販売する取引）ビジネス、DtoC（ダイレクトトゥー　コンシューマー：自社の企画・製造した商品やサービスを直接消費者に販売する取引）ビジネスにおいても同様です。

●なぜゼライスは震災からスピーディーに復旧できたのか？
――東日本大震災が品質管理に持ち込んだもの――

品質を中心とした取り組みにおいて、システムの重要性を改めて認識するきっかけとなったのは、２０１１年の東日本大震災です。第4章でも詳しく説明した通り、この震災は、事業の中断という可能性をも含んだ災害でした。

当時は、脈々と伝えられてきた当社独自の品質に対する考え方に加えて、ISO9000品質マネジメントシステムを組み合わせて整理し、顧客満足をさらに高めようとしていた矢先のことでした。そこに突然の危機がやってきたのです。

当時の私たちは手探りをしながらも、

・従業員の雇用を継続し、かつ安全に業務をできるような配慮をしなければいけない。
・ゼライスを継続するため、業務の重要度の選別をしなければならない。
・必要のないもの、捨て去っても影響の少ないものは何かを選別し、必要なものはどういう手段で継続するのかを考えなければならない。

以上のようなことを念頭に置きつつ、事業を進めていきました。
この震災は、自分たちの仕事を改めて認識するきっかけになったと考えています。そしてまた、過去にとらわれず、無駄はできるだけ排除するという方向でベクトルがそろったきっかけにもなりました。

こういうことが、ゼライスがいち早く復旧できた、潜在的ではあるが、とても重要な要因と考えています。

当社には、揺るぎない存在価値を示す不変の経営理念があります。

〝わが社は常に時代の最先端に位置する企業であるべきであり、そして私共はすべての人びとの幸せづくりに貢献出来ることを誇りとする集団である〟

すべての人々とは、お客様はもちろん、社員とその家族のことをも指します。すべての人々の幸せづくりのためには、BCP（事業継続計画）に基づいた指揮能力、事業を想定レベルに維持するための手順の構築、および事業を行う一層の組織化力を取り込んだ品質管理にまい進することが極めて重要です。

これが、ゼラチン供給のグローバル体制を確立しつつあるゼライスグループの進むべき方向でもあります。

●FSSC22000の取り組みの意義と活用、そして今後のこと
――ゼライスの真摯な姿勢と顧客リテラシーアップへの協力――

〝食品の安心安全〟は、社会的要請として大きく広がっています。昨今、食品関係の業界紙などでこの文字を見ないことはありません。

消費者は、手間をかけずに利用でき、かつ安全であることを食品選択の重要ポイントと考えています。

一方行政は食品衛生法や食品表示法を整備し、顧客企業もこれらの内容に関心を寄せています。具体的には、食品衛生法が改正され、2020年6月にHACCP（ハサップ）が制度化されました。

ゼライスも食用ゼラチンが事業の中核を占めるようになって久しく、この制度には関心を持っています。

HACCPの基本は、いわゆる一般的衛生管理です。わかりやすく説明すると、『5S（整理・整頓・清掃・清潔・躾（しつけ））』で衛生管理された工場からは、安心・安全な製品ができる」ということです。

当社はこの5Sをきちんと整備し、工程の重要なポイントを明確にして管理し

ています。そしてまた、この法制化されたHACCPを基礎に据え、FSSC22000（現在世界で最も注目されている、食品会社が取り入れている食品安全のマネジメントシステム）に取り組むこととしました。

当社は食品製造業のポジションでFSSC22000に取り組み、アメリカ合衆国食品安全強化法の食品リスク予防の概念も取り込んだ整備をして、体制を強化していく考えです。

かつてゼライスは、牛に起因するBSE問題に取り組んだ経緯があります。

BSEとは、1986年にイギリスに端を発した牛の病気のひとつです。2001年には日本でも検出され、2003年末にはアメリカでも見つかりました。

世界中で対策が進む中で、牛骨がゼラチン製造の主要原料のひとつであるゼライスは、日本の同業者と連携してゼラチンの安全性を検証し、これを克服した経緯があります。

現在FSSCの取り組みを進めるにあたり、過去の経験を踏まえ、経営トップは食品安全に果たす責任を明示し、当社のゼラチンやコラーゲン製品の安全を確実にする方針を出しています。

このリーダーシップのもとに管理する設備を常に改善・整備し、その都度運用手順やルールをレビューしながらアップデートするなど、不断の取り組みを行っていきます。


当社は、FSSC22000システムのもとで組織のレベルアップを進め、すべてのお客様や当社製品を活用いただいている事業者の皆様に、私共の製品・商品を安心してご利用いただき、社会に貢献できることを目指しています。

また、当社は関係するグループ4社をそれぞれ海外拠点として事業展開をしています。FSSC22000は、この活動を世界に広げていくための手段でもあります。

ゼライスがこの仕組みを海外各社の地域情勢に応じて適用し、拡大していくことで、ゼライスブランドは速やかに世界に周知され、グローバルブランドとなるに違いありません。

おわりに

ゼラチンを扱うこの業界で、商品名を社名にしているのは唯一無二、我々ゼライス株式会社だけである。そんなことも影響してか、ゼライスはお客様より、「真面目で信頼できる会社」という評価をいただいてきた。

この先我々が目指すところは、「真面目で信頼できる会社」というお声にプラスして、「変革へのチャレンジを怠らない会社」という評価をいただくことである。とくにこれからの10年、20年は、ロボットやAIと共存していかなければならない時代を迎える。

そのような時代には、これまでゼライスが培ってきたこと、育んできたことをどう融合させ、どう発展させるかが課題になることは間違いない。

その前提条件として、今後はあらゆる業務に関してデジタル化というものに真剣に取り組んでいかねばならないというのが、私が考える少し先の未来像だ。

本書をつくるにあたり、たくさんの社員たちが多くの時間と手間をかけてきた。その過程においては、コミュニケーション不足という課題が湧き上がってきたこともある。そんな課題をよく収めてくれたのが、本書の制作プロジェクトリーダーである伊藤信明だ。

彼は、営業としてお客様をよく知っているのに加え、ゼライスの強みも弱みも知り尽くした人物である。そしてまた、〝ゼライス愛〟に富んだ人物でもある。私が彼を本書の制作プロジェクトリーダーに任命したのは、そんな理由からだ。

今後は本書をコミュニケーションのツールとして活用しながら、営業チーム一丸となって、その〝ゼライス愛〟を社内外に広めていってほしいと願っている。

本書の最後に、お客様はもちろん、社員やOB、すべてのゼライスに関係する皆様に、改めて感謝の意を届けたい。そして、この本を手に取ってくださった方にもお礼を申し上げる。

また本書は、企画・編集に携わってくださったJディスカヴァー社の皆さんのお力添えがなくては実現し得なかった。改めてお礼を申し上げたい。

我々は、ゼライスの屋台骨を支える商品となる第2第3の「ゼライス」を続々と発表していくことで、サスティナブルな世界へと貢献し、皆様の生活を少しでもよくしていくことに力を注いでいきたいと考えている。

これこそが我々の使命であり、皆様への感謝の気持ちを形に変えていくことだと信じている。

ゼライス株式会社　代表取締役社長　稲井謙一

ゼラチンあれこれQ&A

Q ゼラチンを入れても固まらないことがあるのはなぜ？

A 主な理由として、次の4つの例が考えられます。

①ゼラチンが完全に溶けきれていなかった

顆粒のゼラチン（「ゼライス」など）は熱めのお湯（80℃程度）に振り入れて、よくかき混ぜて溶かしてください。粉末ゼラチンをふやかして使う場合は、使用するゼラチン量の3～5倍量の冷たい水に約20分間ふやかしてから、温めた液体に入れて完全に溶かして使いましょう。

②溶かしたゼラチン液と材料をよく混ぜ合わせていなかった

冷たい材料を混ぜ合わせると、ゼラチン液が急激に冷えて、途中でゼリー状になってしまうことがあります。こうした場合はもう一度40～50℃程度に温めて、滑らかな液体の状態にしてください。

③よく冷やしていなかった

ゼラチンゼリーは、10～15℃で固まり始めます。カップに入れたゼリー液がこの温度になるまでに家庭用の冷蔵庫で数時間かかり、しっかり固まるにはそこからさらに冷やし続ける必要があります。冷やしている間はできるだけ冷蔵庫のドアの開閉をせずに、一気に冷やしてしまいましょう。

④固まりづらい材料を使用した

ゼラチンを分解する酵素が含まれている果物（生のパイナップルやパパイヤ、キウイフルーツ、メロンなど）を使った場合に固まりづらくなったり、酸味が強い果汁（レモンやグレープフルーツ、梅の果汁など）を使った場合は固まりが弱くなったりすることがあります。

ゼラチン分解酵素が含まれている果物を使いたい場合は、酵素の働きを止めるために、あらかじめ短時間煮る（必ず沸騰させる）か、缶詰や瓶詰の果物を使うようにしましょう。

なお、ゼラチンを加えた溶液を、長時間高温で加熱することも固まりにくくなる要因ですので注意してください。

Q　ゼリーが固まらなかった場合はやり直せる？

A　熱を加えると液状になり、冷やすと固まるのがゼラチンの特性です。したがって、よく固まらなかった場合は、再度温めてゼラチンを加え、再び冷やすことでお好みの硬さのゼリーにつくり直すことができます。ただし、前項の④にあるように、固まりづらい材料を使用した場合は注意が必要です。

柔らかくなりすぎてしまったゼリーも工夫次第でおいしくいただけます。トロっとした状態のゼリーを十分に冷やし、グラスに盛りつけてストローを添えれば、見た目も涼しげで上品なジュレドリンクになりますよ。

Q　ゼラチンがダマになるのはなぜ？

A　原因は、溶かす液体の温度が低かったことと、一度に多量のゼラチンを入れたからだと考えられます。80℃程度の熱めのお湯に少しずつ振り入れて、よくかき混ぜて溶かすことが大切です。

ふやかしてから使う場合は、使用するゼラチン量の3～5倍程度の冷たい水に約20分間ふやかしてから、温めた液体に入れて完全に溶かしてください。この方法だとダマになりにくいです。

Q　スーパーやコンビニで売られているゼリーにはゼラチンが使われていないって本当？

A　本当です。

ゼラチンの大きな特徴として、体温程度の温度で溶ける特性があります。そのため、夏場には体温以上の温度にもなり得る現在の日本においては、ゼラチンではなく、海藻やマメ科植物の種子からつくられた増粘多糖類が使われています。

Q　プリンやゼリーを分離しないようにつくるには？

A　果肉の多いゼリーや、抹茶・ココアプリンなどは固形物、粉末が入っているため分離しやすい傾向があります。

分離を防ぐには、材料液を氷水に当て、とろみがつくまで冷やします。冷やした材料液を容器に分け入れて通常通り冷やし固めると、分離せず、きれいな仕上がりになります。それでも分離してしまう場合は、氷水を張ったバット等に容器を入れて冷やしましょう。

番外編

Q **コラーゲンペプチドには規格があるの?**

A 日本ゼラチン・コラーゲン工業組合において、コラーゲンペプチドの自主規格を設定しています。

自主規格には、食品用途に使用するための表示方法や原材料と製造方法、性状や品質を担保するために参照すべき試験方法などが細かく定められています。

ゼライス社員に聞いてみた！

社員だけが知っている!?

ゼライスパウダー

マル秘活用術

ゼライスパウダーは、ゼリーやババロアをつくるときだけに使うもの？

いやいや、きっとほかにも、とっておきの使い方があるはず。

そこで社員に活用術を聞いてみると、さまざまな料理にゼライスパウダーを溶かし入れる方法はもちろん、あらかじめ少量のお湯で溶いておいたゼライスパウダーをスムージーやジュースに入れてとろみを楽しんだり、ドレッシングなどのタレをつくるときに少量加えてジュレにしたりするなど、たくさんのアイデアが集まりました。

ここでは、目からウロコ、今すぐにでも簡単に試せるアイデアを6つ、ご紹介します。

▼初心者でもふんわり！　シフォンケーキ

テクニカルセンター　Y・T

シフォンケーキをつくる工程で難しいのは、卵白をきめ細かく泡立ててメレンゲをつくること。泡立てる難しさもさることながら、生地と混ぜ合わせるときにせっかくの泡がつぶれてしまうことも。とくに初心者には難関です。そんなときに役立つのがゼライスパウダーです。

【材料】
シフォンケーキのレシピの卵白量に対し、３パーセント程度のゼライスパウダー
【つくり方】
①ゼライスパウダーは、あらかじめ少量の水でふやかしておく。
②卵白にふやかしたゼライスパウダーを全量投入し、泡立てる。
【ポイント】
卵白にゼラチンを加えて泡立てると、へたらず安定したメレンゲになります。生地と混ぜる際に泡のつぶれが軽減するほか、焼き上がりもしっとり。重めの生地や沈みがちなココア生地でも、きれいなシフォンケーキがつくれます。

▼カップ焼きそばにまつわるイライラ解消！

品質管理部　大杉康和

カップ焼きそばを食べるとき、麺が固まって食べにくいと感じることはありませんか？ また、かやくの具材がカップの容器やフタにくっついて、取りづらいこともありますよね？ そんな小さなイラっ！ を解消して、コラーゲンも摂取できてしまうアイデアです。

【材料】
カップ焼きそば １個
沸騰した湯 適量
ゼライスパウダー １袋（５ｇ）
【つくり方】
①カップ焼きそばにお湯を注いで表示通りの時間を待つ。
②途中でフタを開け、ゼライスパウダーを投入する。
③全体にゼラチン液が行き渡るようによくかき混ぜる。
④湯切りをし、通常通りカップ焼きそばをつくる。
【ポイント】
ゼライスパウダーを溶かした湯も捨てずに、中華スープやワカメスープの素を溶かして焼きそばのお供にどうぞ。コラーゲン入りのスープとなります。

▼インスタントの豚骨ラーメンを、濃厚な博多風に！

東京営業所　伊藤信明

インスタントの豚骨ラーメンにさらにひと手間加えることで、グンと博多風濃厚スープに近づきます。コクやまろやかさが出るのは、ゼライスパウダーの力です。

【材料】
インスタントラーメン（豚骨系・カップラーメンでもOK）1個
ゼライスパウダー　1袋（5ｇ）
牛乳 50㎖　高菜 適量　ゴマ 適量
【つくり方】
①表示通りにインスタントラーメンをつくる。
②スープにゼライスパウダーと牛乳を加えてよく混ぜる。
③高菜やゴマをトッピングするとさらに本格的な味わいに！
【ポイント】
豚骨味だけでなく、しょうゆ味やみそ味のインスタントラーメンにゼライスパウダーを加えても、まろやかな味になります。

▼サンドイッチからのはみ出し防止！ ソースシート

東京営業所　椎名康裕

お弁当の手づくりサンドイッチにかぶりついたとき、はみ出たソースで手がベタベタ……。そんな悲劇を予防できるソースシートです。パンの大きさに合わせてつくっておくと、便利ですよ。

【材料】
ウスターソース 100g
ゼライスパウダー 1/2袋（2.5ｇ）
【つくり方】
①耐熱容器にソースを入れ、電子レンジで軽く温める（60°C程度）。
②①にゼライスパウダーを振り入れてよく溶かす。
③バットや薄い容器にソースを広げ、よく冷やして完成。
【ポイント】
バットにソースを広げる前にサラダ油を薄く引いておくと、シートがはがれやすくなります。はがれにくいときには、バットの底面を軽く湯煎してください。温かい具と一緒にすると溶けてしまいますので、気をつけて。

▼麺のくっつき防止！ ゆでるときに一工夫

代表取締役社長　稲井謙一

冷たいうどんや冷やし中華、そうめんに冷製パスタ……。暑い時期においしい冷たい麺ですが、のんびり食べていると麺同士がくっついて固まってしまうのが困りもの。そんなときは、ゆでるときに一工夫。ツルツルっとした食感が維持できます。

【材料】
沸騰した湯 約2L
ゼライスパウダー 1袋（5g）
【つくり方】
①水を沸騰させ、ゼライスパウダーを入れて溶かす。
②お好みの乾麺を入れて、ゆで上げたら完成。
【ポイント】

ゼラチンが麺の表面に薄い膜をつくり、デンプンや水分を閉じ込めるので、冷やしても麺同士がくっつきにくくなります。

▼お子さんと一緒につくろう！ アロマゼリーせっけん

東京営業所　内山浩輔

簡単に手づくりできて、プルプルの感触が楽しめるアロマゼリーせっけん。その気持ちよさに、家族中のテンションが上がること間違いありません！　硬めにしたり、柔らかめにしたりの調整は、ゼライスパウダーの分量で変えることができます。

【材料】
80°C以上の湯 150cc
ゼライスパウダー 4袋（20g・お好みの硬さに応じて）
ボディソープ 30 g
エッセンシャルオイル（適宜）
【つくり方】
① 80°C以上の湯にゼライスパウダーを振り入れ、十分に溶けるまで混ぜる。
②①でつくったゼラチン液にボディソープを混ぜ入れ、完全に溶かす。
③少し冷ましたところに、お好みに応じてエッセンシャルオイルを数滴たらす。
④型に流し込み、粗熱を取ったら冷やして固める
【ポイント】

乳白色のボディソープでつくるとせっけんのようで美しいですが、透明なボディソープを使って食用着色料やラメを加えると、さらに楽しいですよ！

〈カラー口絵〉

「ゼライス」でつくろう！レシピ

時間が経ってもダレない生クリームで！イタリア発祥マリトッツォ

所要時間：15 分　丸パン 4 個分

【材料】
生クリーム 180ml/ グラニュー糖 15g/ ゼライスパウダー 1g/ お湯 20ml
お好みのフルーツ（いちご、オレンジピールなど）適量
粉糖 適量 / 丸パン 4 個
【つくり方】
①お湯にゼライスパウダーを加え、よく溶かしておく。②生クリームにグラニュー糖を加え、氷水に当てながら泡立てる。③ 8 分立てになったら①の溶かしておいたゼラチン液を加え混ぜる。④パンを斜めにカットし、出来上がった生クリームをたっぷりはさむ。生クリーム表面をパレットナイフで整える。⑤お好みのフルーツを表面に飾り、粉糖を上からかける。

フルーツたっぷり！ キラキラ斜めゼリー

所用時間：20 分（冷やし固める時間は除く）
200ml ゼリーカップ 5 個分

【材料】
◆ミルクプリン
牛乳 300ml/ グラニュー糖 40g
ゼライスパウダー 5g
◆ゼリー液
水 300ml/ グラニュー糖 40g
レモン汁 15ml/ ゼライスパウダー 5g
お好みのフルーツ 適量
【つくり方】
1. ミルクプリンをつくる
①小鍋に牛乳、グラニュー糖を入れて火にかけ、80℃程度まで加熱しながらグラニュー糖をよく溶かす。②①にゼライスパウダーを振り入れ、よく溶かし合わせる。③斜めに固定したお好みの容器に粗熱を取った②を注ぎ入れ、冷やし固める。
2. ゼリー液をつくる
①小鍋に水、グラニュー糖を入れて火にかけ、80℃程度まで加熱しながらグラニュー糖をよく溶かす。②①にレモン汁を加え、よく混ぜる。③②にゼライスパウダーを振り入れ、よく溶かし合わせる。④③の容器にお好みのフルーツを入れ、③のゼリー液を静かに注ぎ、冷やし固める。

フラワーエンゼルゼリー

所要時間：40 分（冷やし固める時間は除く）

【材料】　15cm エンゼル型を使用
◆ゼリー液
水 470ml/ グラニュー糖 50g/ レモン汁 30ml/ ゼライスパウダー 15g
お好みのエディブルフラワー 適量
お好みのフルーツ（オレンジ、パイン）適量
◆ミルクプリン
牛乳 150ml/ グラニュー糖 15g/ ゼライスパウダー 5g
【つくり方】
1. ゼリー液をつくる
①小鍋に水、グラニュー糖、レモン汁を入れ、火にかける。②グラニュー糖が溶け、80℃程度まで温まったら火からおろし、ゼライスパウダーを加えてよく溶かす。③粗熱を取り、氷水に当ててとろみがつくまでゼリー液を冷やす。
2. ミルクプリンをつくる
①小鍋に牛乳、グラニュー糖を入れ、火にかける。②グラニュー糖が溶け、80℃程度まで温まったら火からおろし、ゼライスパウダーを加えてよく溶かす。③粗熱を取り、氷水に当ててとろみがつくまでゼリー液を冷やす。
3. エンゼル型にゼリー液を冷やす
①エンゼル型を水で濡らしておく。②エンゼル型にゼリー液を 1/3 程度注ぎ、冷蔵庫で冷やし固める。③ゼリー液が固まったらお好みのエディブルフラワーをさかさまにのせ、エディブルフラワーが隠れるまでゼリー液を注ぎ､冷やす。④③が固まったらお好みのフルーツを並べ､フルーツが隠れるまでゼリー液を注ぎ冷やす。⑤④が固まったらミルクプリン液を注ぎ、冷蔵庫で 3 ～ 4 時間冷やし固める。
4. ゼリーを型から取り外す
①熱めの湯（40℃程度）を大きめのボウルに入れ、冷やしたエンゼル型を 5 ～ 10 秒つける。②ゼリーの表面を指で押し､エンゼル型との間に隙間をつくるようにする。③お皿をかぶせてひっくり返し、型からはずす。

ゼライス本社従業員

私がゼライスを好きなワケ

●原料から最終工程まで、お客様の満足のために製品を製造しているから。Y・I
●想像力と応用力を求められる特異な業界で、成長を続ける企業だから。T・E
●仕事が楽しくできる職場環境。森勝哉
●作業中にケガ、火傷などが起きたとき、早急に対応してもらいました。治療中も病院対応や連絡体制など、不安なく安心して休業できました。心強かったです。H・N
●職場がきれい。今後も維持管理に努め、後の世代へ引き継いでいければと思ってます。大友洋平
●子どものころに祖母や母がつくってくれたおやつに「ゼライス」を使ったゼリーがあった。ごく普通の家庭でそういう思い出ができる、愛される商品を提供し続けているから。M・A
●社名がキャッチーで、認知度の高い製品を製造している点。東北に根づいた企業である点。松本陽
●口の悪い社員が多いが、実は優しい人が多いところ。鈴木徹
●結婚・出産・子育て・介護・病気療養など、人生において起こり得るさまざまなイベントを、従業員自身がうまくハンドリングできるように働き方に自由度を持たせてくれるため、自分磨きも諦めることなく仕事を楽しめているから。Y・T
●子どもでも　おいしいお菓子　すぐできる　H・T
●ゼライスは研究開発に力を注ぎ、技術力が高い。丹野清志
●母親がつくってくれるババロアに「ゼライス」が使われていた。「ゼライス」を製造している会社に入社して「ゼライス」に携わる業務ができていることがうれしい。大杉康和
●職場環境、人間関係がよい。牛澤文恵
●刺激的な、気の合う仲間たちの存在。S・O
●家族のような会社です。室井弘光
●ゼライスの商品でつくるゼリーは、弾力があり〝プルーン〟としていて口当たりがよく、大好きです。金澤祐子
●先輩、後輩問わず和気あいあいとして仲がよいところ。社長が社員に対して気さくに声をかけてくれるところ。社員同士が協力し合って行動している姿勢。M・W
●所属部署にとらわれることなく、さまざまな業務に携われるチャンスがあるところです。私も担当業務以外に、会社で運営しているInstagramの投稿も行っています。フォトコンテストの実行委員会は、所属部署、役職を問わない募集です。誰でも会社を盛り上げるチャンスがあり、柔軟だなと改めて感じました。N・W
●人（動物）にとってなくてはならない、食べること、健康であること、質の高い生活ができることのすべてに携わることができる商品を市場に提供し、多くの人々の幸せに貢献できているところ。横井美代子
●困難に直面しても粘り強く立ち向かう会社だから。T・S

○年後、私はゼライスでこんな存在になっています

●5年後、私はゼライスで、他の社員の方々と頻繁にコミュニケーションを取り、些細なことでも相談されるような親しみやすく頼れる存在になっています。山口誉人

●5年後、オールマイティに仕事をこなす存在になっていたい。森飛翔

●5年後、私は工場での仕事を覚えて、先輩らしい存在になっていたい。山本祐杜

●製造も機械整備もできる、コラーゲン製造に欠かせない存在になる。そうなれるよう機械の構造、仕組みを調べ、設備に対して理解を深めるよう努力している。機械に対する知識というものは、仕事だけではなく日常生活にも応用できることがたくさんあり、自分のためになるので、結構楽しい。大槻悟史

●社会人としての見本であり、トラブル等にも瞬時に判断・冷静に対応できる不安要素のない存在。畠中唯穂利

●10年後、私はゼライスでコラーゲン製造を頑張り、頼られる存在になっています。加藤優樹

●10年後、素材開発グループ員として、新素材の開発から製品化まで一貫して担える存在になっています。吉川綾香

●10年後　授業の教え子　部下になり D・S

●息長く　ゼライスみたいな　存在に S・Y

●私は3年後、入社して20年になります。すべてのことに対して前向きに取り組み、楽観的な性格でいつも周囲を笑顔にし、会社の雰囲気をなごませる存在になります。高橋充

●12年後の定年までの間に、みんなに気を遣わせることなく、みんなと協力しながら仕事を成し遂げられる存在になっていたい。張寧

●・10年後、「ゼライス」というブランドを構築/発展させ、そのブランドを背負える存在となっていたい。
・そのために、ゼラチンの裾野を広げ、シェアを伸ばすスキルを磨きたい。社内においても、顧客ニーズを明確に伝え、発展していく土台を構築したい。
・トリペプチドを含め、幅広い視野でゼライスを発展させていきたい。
内山浩輔

●10年後、ゼライス株式会社はブランドネームのある会社へと進化し、その一端を担った社員として誇り高く働いているでしょう。椎名康裕

●5年後HACP販売の中核になっています。M・Y

●10年後、私は〝縁の下の力持ち〟として、ゼライスを力強く支えることができる存在になっていたいです。I・H

私がゼライスを志望した理由

●学生時代に学校の先生に勧められて志望しました。当時、宮城化学工業㈱の社名は、周りで知っている人が多かったことと、地元では大手ということで志望しましました。Y・W

●学生時代の恩師の勧め。斎藤清悦

●学校からの紹介。Y・K

●学生のころ、10日間くらいアルバイトをさせていただき、そのときお世話になった先輩方がとてもよい方々で楽しい職場でした。友だちのお母さんが働いていたので紹介していただきました。Y・M

●ゼラチンに興味があったから。K・S

●高校での就職活動時に求人が出ており、ゼラチンの製造については知識もなかったが、自分でもやってみたいと興味を持ち志望した。現在はコラーゲン製造に携わっており、よりよい製品づくりを心がけ、毎日の作業にまい進している。F・O

●素直に答えると、自分で選んで入社したわけではなく、学校の先生の勧めでたまたま入社した。どのような業種の会社かもわからず入社したが、仕事内容が自分に合っていたと思うし、人間関係も良好で、とてもよい環境に恵まれて定年まで全うできた。感謝。佐藤雅之

●ゼラチンに興味があったから。製造が珍しいから。K・O

●コラーゲン・トリペプチドの機能性に強い魅力を感じ、ぜひ研究対象にしたいと思ったから。山本祥子

●健康づくりに貢献したいと思ったため。食品素材に新たな価値を生み出したゼライスは、消費者のニーズを意識した商品展開をしている。最先端の研究、アイデアに富んだ開発、適切な検査、丁寧な製造などを行うことで、常にお客様に寄り添っている。自分も健康づくりに貢献し、誰かの笑顔や幸せにつながる仕事をしたい。大塚美波

●ジャンルにとらわれず、食品に広く関わることができると考えたため。また、宮城県で就職したいと思っていたため。
増井彩花

●高校の　経験生かせる　この職場
M・T

●私は宮城県出身ではありませんが、仙台は祖母が生まれた街でなじみがあります。ゼライスに縁を得たのは、祖母の導きかもしれません。学生時代は、私たちの研究成果が誰かを笑顔にすることを実感できずにいました。ゼライスでお客様に喜んでもらえる製品をつくれたら、実感できなかった笑顔の先が見られる気がします。Y・K

●私が入社した当時は仙台市に工場があり、家も近所であったことからその存在を知っていました。会社の概要を調べると、わが家に常に置いてある「ゼライス」の製造元であることを知り驚きました。食卓・美容・健康面とさまざまな形で社会を笑顔にしている企業だと感じ、その一員になりたいと思い志望しました。須田悠亮
●小学生のときから食品業界に興味があったこと、管理栄養士資格を取得したことでCSR活動などに貢献していきたいと思ったため。菅原朋香
●社内の雰囲気がよく、仕事内容が興味のある分野だったからです。K・Y
●地元の企業で地元に貢献できる企業で働きたいと考えていたので志望した。
高橋峻亮

●昔からゼラチンといえば「ゼライス」というイメージはありましたが、ゼラチン＝ゼリーの印象しかありませんでした。しかし、ゼライスの製品はいろいろな用途向けのものがあり、「こんなものにも?」と驚くほどです。そんな多くの人の日常生活を支える会社で、私も人の役に立つ仕事がしたいと、ゼライスを志望しました。I・I
●転職活動中に目にしたのが、新聞にあった【宮城化学工業株式会社】の求人広告です。聞いたことがない社名でしたが、なぜかバチっと電流が走り、募集要項を熟読。そこに「ゼライス」の文字を見つけました。母親にゼリーをつくってもらった思い出に加えて、なんともいえない親しみと感動が膨らみ、すぐに履歴書を作成しました。中橋優

ゼライスは私に何を期待していると思う?

●伝統を守り、自ら新しい価値を見い出せる人間になること。S・F

●しっかりと業務を遂行できる人になること。M・S

●どの現場でも活躍できる技量を持つこと。Y・I

●自ら進んで考え、提案や改善をし、新しいことに挑戦すること。世の中の情報を素早くキャッチすることで、もっとお客様に喜ばれる製品を提供すること。K・N

●生産性の向上・安定化のため、これまで自分が経験したこと、習得した知識や技術を若い世代へ伝え、育成・指導していくこと。斎藤誠

●テクニカルセンターのメンバーが生き生きと働き、イノベーションが生まれやすい組織の土壌づくり。沼田徳暁

●コミュ能力　身につけ仕事も　完璧に A・K

●これまで会社が築いてきた技術力と歴史の継承。それらを強みとした、さらなる可能性の創造と社会のニーズへの対応によるブランド力の向上。そのための、自己研鑽。茂泉潤一

●業務ができるだけ滞りなく進むよう尽力すること。Y・W

●会社の基礎となる部分を支えつつ、変化が必要なところは柔軟に対応し、業務を遂行すること。Y・T

●いろいろと考えてみますとやはり長年携わってきたトリペプチドを若い世代に継承することだと思います。残念ながら、まだ何も継承できていないのが現状です。限られた時間の中で速やかに次の世代へ引き継ぎを完了することが会社として期待していることではないでしょうか。そう思っています。西村成人

●社内で行える営業サポートの幅を広げて、営業担当者が安心して営業活動ができるよう多方面で支援できるようになること。またそのようなサポートができる営業事務を育てていくこと。職場の雰囲気に気を配り、職場環境を整備し、所属員が協力して営業活動が行える職場づくりをすること。平林智之

●自ら考え、行動すること。久保真央

私がゼライスに貢献できること

●ゼライスの成長と発展のため、若手社員の育成に取り組みます。舘山誠

●機械・設備機器等の安定稼働。K・F

●お客様のために、安心できる製品を提供できるよう常に考えて生産すること。C・O

●習得した知識、技術等を若い社員に教育していくこと。S・O

●上司・同僚と積極的にコミュニケーションを行うことで、円滑な業務の遂行、職場の雰囲気づくりに貢献する。三坂竜也

●貢献できるかどうか自信はあまりないが、担当である出荷業務を確実に遂行し、クレームを出さないことにより、会社のイメージが向上するよう心がけている。
大井直之

●メーカーとしてのさらなる革新状況を外から見守ること。渡邉正美

●ゼライス一筋27年。「まぜる、ひらく、笑顔をつくるパートナー」を肝に銘じ、業務に精進してまいります！ 大沼理通

●定年で　技術の継承　後進に　H・W

●ゼ：全社員一丸となって
　ラ：楽せず焦らず明日に向かって
　イ：今のものよりさらに
　ス：素晴らしいサービスを提供する
T・K

●食品安全マネジメントシステム構築を通して、安全で安心な製品を提供し続けること。徳田結喜

●従業員が安心と働きがいを感じられる企業になるための礎づくりを実践すること。
岸克也

●会社の歴史、風土を次世代に伝えること。北島一浩

●社内外の方々と接する機会が多いので、皆様が気持ちよく仕事ができる環境づくりに貢献します。M・F

●小職が従事しているのは、当社製品の販売促進です。現在は社名と同名の製品「ゼライス」を取り扱っております。また、新たな取り組みとして海外展示会への参加や海外顧客へのアプローチにも従事しております。台湾やオランダなど各国のグループ企業と協調しながら、ゼライス製品の国際的な飛躍の一助になりたいです。
松崎公正

●営業支援システムの構築と後進の育成です。関田光英

●通信販売事業を拡大し、より多くのお客様に喜んでいただき、当社製品のよさを知っていただく。前向きで元気に仕事をすることで、会社を少しでも明るい雰囲気にする。緑山知厳

私だけが知っているゼライスのヒミツ

●実は昔から社内結婚が多い会社なんです。佐藤信行

●ブランドアイデンティティ構築のため、30人でワークショップを行った。2日かけてゼライスの10年後を想像し、意見を出し合った。こんなに長い時間会社のことを考えたことは初めてだったが、参加者の会社に対する熱い思いが感じられた。ゼライスは熱い思いとそれを共有できる人たちの集まりだと知った。Y・Y

●外観は円柱のコラーゲン工場ですが、内部は24角柱になっています。もともとあったガス局の湧水ホルダーの外壁を再利用して建てられたので、点検用階段がそのまま残っています。今でもどこかのガス局に同じ外観の建物があるかもしれません。S・S

●社名が「宮城化学工業」だったころ、ウナギとすっぽんの養殖にチャレンジしたが、ウナギは蒸発缶のキャリーオーバーで全滅、すっぽんは共食いのため全滅したと聞いたことがある。食べてみたかった。M・C

●家庭用ゼラチンのパイオニアとして「ゼライス」を開発・発売し、今年で68年。お客様のご要望にお応えするため、幾度も改良を実施してきた。2000年代には、顆粒化で直接熱い湯に溶かせるようになり、その後も溶解品質を改良し、近年はゼリーを固める力を維持、当社独自開発のコラーゲン・トリペプチドを配合している。Y・M

●ウナギ飼い　従業員に　売っていた　S・A

●ミカンゼリー　冷凍みかんで　つくってた　K・A

●横浜スタジアムでプロ野球ナイトゲーム「ゼライスナイター」が3夜連続開催され、お楽しみ抽選会で「ゼライスパウダー」を配る手伝いをした。伊藤信明

●通販で販売している「ゼラチンP-100」5グラム分包１００袋入り。実は、１０１袋入っている。M・K

●土・日・祝祭日が休み　F・W

SNSやってます。
フォロー、お友だち申請
お待ちしています！

Instagram

Facebook

稲井謙一（いない けんいち）
ゼライス株式会社取締役社長
1964年宮城県仙台市生まれ。慶応大学法学部卒業後、1987年東京ガス(株)入社。浅草営業所、東京東支社と現場を長く経験した。1991年同社を退職し、塩釜ケーブルテレビ(現宮城ケーブルテレビ(株))立ち上げに携わったのを皮切りに、2003年稲井善八商店（現株式会社稲井）社長、2005年宮城化学工業株式会社（現ゼライス株式会社）社長、2008年塩釜ガス株式会社社長、2010年宮城ケーブルテレビ株式会社社長に就任。持ち前の決断力と積極性、東北人ならではの忍耐力を発揮して、2011年東日本大震災後の大幅減収から、2018年には奇跡の「レ」字型回復を果たし、創業以来最高の経常利益を達成した。趣味は読書、ゴルフなど。

『ゼライスのキセキ』製作委員会
ゼライス株式会社従業員、OBを中心として構成される本書籍制作チーム。本来業務の傍らフォトコンテスト実行委員会の立ち上げや、OBへのインタビュー、記録写真の撮影、デザートレシピの考案・調理、撮影の立ち合いなどを担当。Zoomを駆使して八面六臂の活躍を果たした。また、原稿のファクトチェックや校正、イラストチェックなど書籍づくりに必要な工程にひと通り携わり、心も体もひとまわり大きくなった強者集団。

ゼライスさん
やさしくて、おしゃれな紳士。新婚のころにマダムゼライスがゼリーをつくってくれて以来、ゼリーの美しさにほれて、いつでも身に着けていたいとゼリーのハットをかぶるようになったとか。もちろんゼリーを食べるのが大好き。口ぐせは「すばらしい！」。きれいなゼリーやおいしいゼリーに対してよく使う。ゼリーの型集めが趣味で、暑さが苦手なナイスガイ。奥さんのマダムゼライスさんと、息子のチビゼライスくん、娘のリトルゼライスちゃんの4人でゼライスタウンのメゾンゼライス201号で暮らしている。

【写真撮影】
口絵（「地元・宮城の皆様と生きる 地域貢献活動」は除く）：岩瀬泰治
口絵「地元・宮城の皆様と生きる地域貢献活動」：北島一浩（総務部）
ゼライスの泉：橋本泉（通信販売グループ）
社員集合写真：岸克也（総務部）
【七つ飾り・レシピ作成、調理】久保真央、渡邉成美（東京営業所）
【ゼライスさんキャラクターデザイン】猿人
【キャラクターデザインディレクション】椎名康裕（東京営業所）
【口絵スタイリング】丸山寛子（mogmog はうす）
【本文イラスト】坂木浩子（ぽるか）
【校正】水木康文

未来に引き継ぐ117年の軌跡と
東日本大震災からの復興の奇跡

ゼライスのキセキ

2021年10月16日　初版第1刷

著者　稲井謙一
『ゼライスのキセキ』製作委員会
発行人　松崎義行
発行　みらいパブリッシング
〒166-0003 東京都杉並区高円寺南 4-26-12 福丸ビル 6F
TEL 03-5913-8611　FAX 03-5913-8011
https://miraipub.jp　mail：info@miraipub.jp
企画協力　Jディスカヴァー
編集協力　朝倉真弓、楠本知子
ブックデザイン　則武 弥（ペーパーバック）
発売　星雲社（共同出版社・流通責任出版社）
〒112-0005 東京都文京区水道 1-3-30
TEL 03-3868-3275　FAX 03-3868-6588
印刷・製本　株式会社上野印刷所

ISBN978-4-434- 29432-7 C0060